生活系
006

兩人的簡單生活提案

— Shiori 著。王詩怡 譯 —

銀河舍

我們是這樣找到「適合自己的舒適生活」

「我想住在 Shiori 那樣的家中！」
「我很嚮往 Shiori 那樣的兩人生活！」

有人在我的 Instagram 留下了這樣的讚賞。或許大家以為，我本來就是個擅長做家事、布置房間，以及非常注重小細節的人。

不過，事實並非如此。

我只是一個和老公住在一起，極其普通的職業婦女。

儘管現在在 Instagram 上獲得不少稱讚，以前的我卻不太會收拾房間，家事也做不好，總是生活在很緊繃的狀態當中。我是在錯誤中學習，才漸漸地找到目前的生活方式。

閱讀主婦雜誌的時候，我也曾想跟著仿效，但是裡面提到的內容根本不適合怕麻煩的我。而且，我想知道的是「兩人的生活」，這和雜誌提供的大家庭生活模式，仍有許多落差。

於是，我一邊參考雜誌和書籍、一邊摸索著，即便是像我這樣沒什麼時間的職業婦女，也適用的生活方式。

本書在提案一至提案四當中，皆有詳細的分享。

無論是目前過著兩人生活，或是接下來預計過兩人生活的人，相信都可從本書中找到立刻就能實踐的點子。

若覺得哪個提案還不錯，請馬上嘗試吧。

希望本書能為你帶來一點點啟發，幫助大家減輕生活累贅和壓力。

Shiori

我們的「兩人生活歷程」

00 從家裡搬出來開始一個人住

住在家裡的時候，我從來沒做過家事。我很不擅長整理，房間總是非常亂。就算媽媽提醒我：「差不多該整理房間囉！」我也只會心不甘情不願地將東西塞進櫥櫃就算了事。考上大學後離家獨居，我在學校附近租了一間小套房。家具由爸媽準備，雜貨則是在百元商店搞定。幾乎每天都會有朋友來找我玩，比較熱心一點的人，就會幫我洗衣服或打掃。吃飯的話，不是大家一起準備，就是在外面吃，幾乎不曾自己下廚。因此，我還沒學會怎麼做家事，學生生活就宣告結束了。

01 戀愛時代，開始同居生活（屋齡 15 年／ 2DK）

當時我和現在的老公已經交往四年，兩人決定一起住，並講好期間是一年。我們挑了寬敞的兩房一廳公寓，家具、家電就直接使用我在獨居時代的物品。原本我們想找三房一廳的格局，因為我們都是第一次同居，很需要私人空間，我們以為空間愈大住起來就愈舒適，然而事實並非如此。老公為了展現好的那一面，很努力在做以前根本沒在做的家事，不過時間一久就現出原形……房間亂得可以，沒辦法下廚的日子愈來愈多，我們的爭執也愈來愈頻煩。

02 新婚時代的兩人生活（屋齡 15 年／ 2DK）

遷入戶籍、婚禮、蜜月旅行結束後，我們依舊住在原本的公寓，只是將家具、家電換成新品。同時，我開始對北歐雜貨產生興趣。另一方面，認定「老婆就該支持老公」的我，也一手包辦了所有家事。可是，看到先下班回家的老公居然無所事事，什麼事也不做，我的不滿終於爆發。經過幾天討論，得到老公的理解，我們決定兩人一起分擔家事。因為有了這段過程，我們才變得更能體貼彼此。

03 結婚第五年的兩人生活（屋齡 5 年／ 1DK ／ 41 平方公尺）

我因調職而搬家，那陣子我最煩惱的事，就是沒辦法存錢。我讀了金子由紀子《養成不買的習慣》一書，對就算不買東西、也能過豐富的生活，感到相當敬佩。同時我也發現，自己很容易在小地方漏財，因此決定全面審視自己的生活。我將用不到的東西一一處理掉，居住空間變得寬敞許多，打掃起來也變輕鬆了。雖然 1DK 比以前小很多，我卻不覺得有任何的不方便。然後，我發現：**「雖然是兩人生活，但也不是空間愈大就愈好。」**

04 目前的兩人簡單生活（屋齡 4 年／ 2LDK ／ 57 平方公尺）

接著，又一次調職搬家。目前的住處離車站比較遠，儘管有些不便，日子倒也過得怡然自得。掃地機器人、洗碗機等家電，也幫我們減輕了不少的家事負擔。

現在回想起來，住處改變了，需要的物品數量也會跟著改變。我們住在綠意盎然之處，蟲子很多，衣服都晾在室內，所以買了室內晾衣架；因為離車站遠，腳踏車成了必需品，東西自然也就增加了。**「並非東西愈少，生活就愈舒適。」**我學會判斷什麼對現在的自己而言是必要的，即便物品變多，也懂得妥善管理。

我們所想要的簡單生活

簡單，不是節儉。
將物品簡單化，才不會被外物所控制，
使用真正想要的東西，才算是簡單生活。
東西變少，只是結果，而非目標。

徹底消除「麻煩事」

我一直是個怕麻煩的懶惰蟲，不想花太多時間打掃，不過又想住在乾淨的地方，因此我每天都在思考，怎樣才能輕鬆完成家事。生活之中，很多事都會讓我覺得「麻煩」，然而我還是會不情不願地去做。只要覺得麻煩，我就會和老公討論：「這真的非做不可嗎？」、「有沒有更輕鬆的辦法呢？」家事，原本就該兩人一起完成。書中提到的洗衣流程、購入洗碗機及掃地機器人等等，都是我們為了過得更加舒適，共同討論出來的結論。

慢慢地發掘適合自己的生活方式，也是一種樂趣。何況，最佳的解決之道經常在變，為了過上「舒適生活」，我們認為日日更新是必要的。

善用「一進一出」、「替代品」，避免物品無限增殖

就算東西已經很少了，想要一直維持這樣的狀態，卻也不容易。所以，**我只要買了一樣新東西，就會處理掉一樣舊的，謹遵「一進一出」的原則**。以前我常會買一些方便的小道具，心想：「反正體積小又便宜。」不過，現在的我則會認真思考，自己是否真的需要。此外，我也會捫心自問：「有沒有替代品？」例如，我家沒有烤麵包機，而是用烤魚架代替；製作甜點的模型，則是鮮奶紙盒。

一方面是為了避免物品暴增，一方面也是為了將金錢和空間用在自己真正喜歡的物品上。被喜歡的物品圍繞，真的是非常幸福。

將功夫花在「自己喜歡的事物」上

自從減少物品，開始兩人分擔家事後，我也多出了時間、空間、金錢。我將多出的時間、空間、金錢，全投入自己喜歡的事物。此外，也**因為生活有了準則，開始能夠看見「自己想過這樣的生活」，對自己產生了信心**。我們夫妻倆都很喜歡旅行，每年都想出遊四、五次。雖然旅行很花時間，也很花錢，但是透過減少物品，支出變少，多出來的存款自然就能應用到旅費上頭。

簡單生活帶來的回饋

養成順應環境的高機動力

我們經常搬家，自從開始過簡單生活，搬家的輕鬆程度是以前無法比擬的。以前差不多得花一週時間打包，現在一天就完成。此外，因為行李很少，小卡車便足以應付，花費也變少了。以前搬到新家整理行李就要好幾天，沒辦法煮飯必須花錢外食，現在只要一天就能恢復日常。**將家瘦身到不限時間、地點，立即可以遷移的程度，機會來臨時更能迅速對應**，對我們來說，真的是大大加分呢。

和老公的關係變好了

以前我總覺得該做的事好多，壓力不是普通的大。然而，自從我減少物品，可以完全掌握家中狀況後，開始能清楚區分，什麼是真的非做不可，而什麼可以不用做，整個人也從無法掌握的不安、焦慮中解脫。拜此之賜，我終於有心情享受和老公的兩人時光。因為心境變從容了，我們夫妻也開始一起思考：「如何過得更加舒適？」像是兩人合力做家事，另一半很累的時候，甚至還能體貼地表示：「交給我來做吧。」

Contents 目錄

提案二　每日飲食大原則：「美味」、「簡單」、「低成本」

提案三　打掃和家事條理化，兩人一起分擔

提案四　一勞永逸的收納整理術

提案五　兩人時尚：嚴選物品

提案六　兩人生活的小幸福提案

我們家的格局

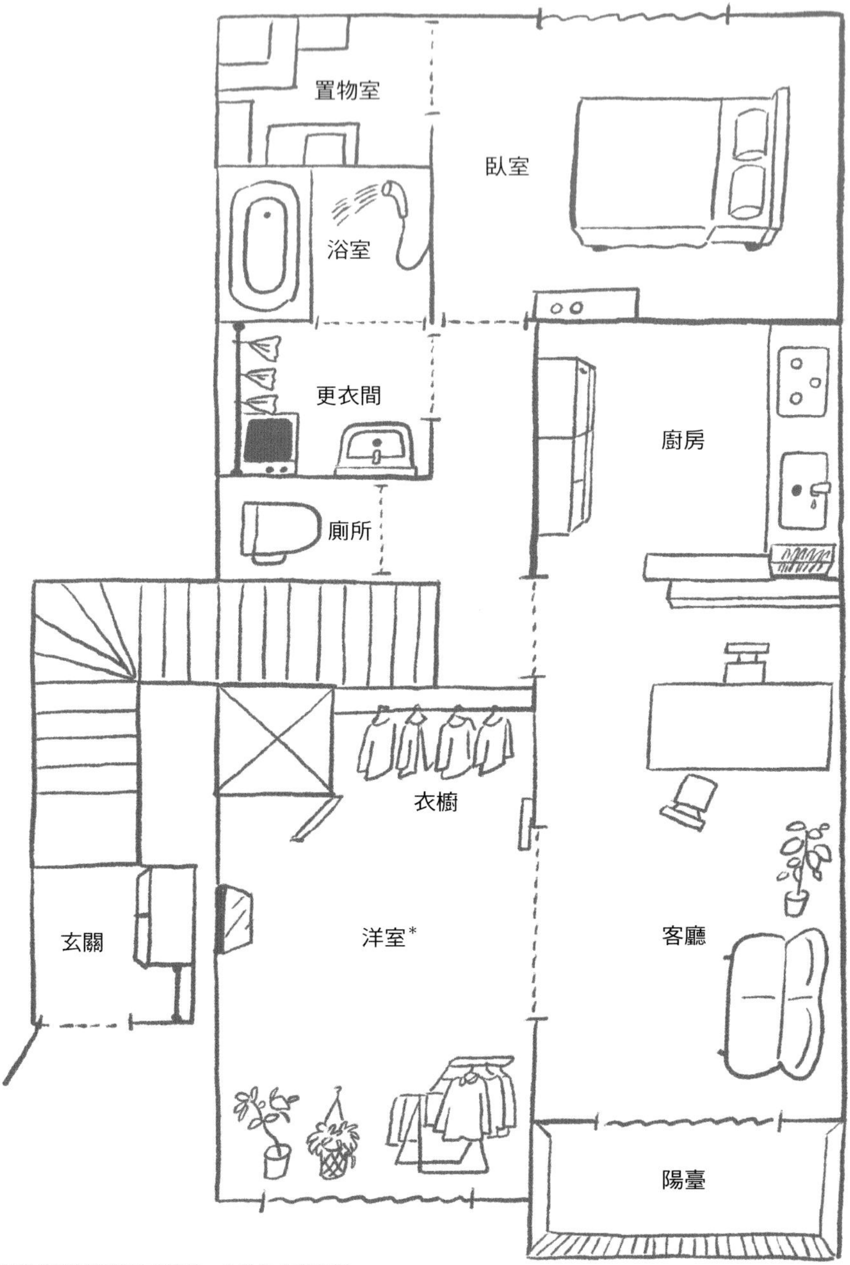

＊相對於榻榻米的西式房間，大多為木頭地板。

提案一

家舒適了，心就安了。

將擺飾控制在最小程度，「視覺上有所變化」即可

我很喜歡雜貨，以前會配合季節在家裡擺放許多小裝飾，不過經常是季節過了，也沒有收起來，而是任由它們堆在原地積灰塵。

現在，**我只在「能夠掌控的範圍內」做裝飾變化**。考慮到我的工作經常調職，隨之而來的搬家問題，所以在選物方面，我大多選擇：「不易損壞」、「容易打包收納」的擺飾，最好是「看不膩」的設計，並且「不帶季節感」，一年四季皆通用。

我們家的雜貨幾乎都裝飾在「牆壁」或「天花板」，所以不需要特地挪出空間，我也只留下自己真正喜歡的物品。

透過燈飾享受季節感

沙發旁的燈飾，一整年都掛著不會收。天氣轉冷時，窩在沙發上喝熱飲的機會也變多了，此時就可以打開燈飾享受冬季氣氛。

透過集光飾品享受光線變化

掛在窗邊就能在屋內反射出許多小彩虹。儘管因季節而異，我們家能看見彩虹的時間，只有早晨的 30 分鐘，但那畫面相當夢幻，讓早起變成了一件樂事。

透過風鈴享受空氣流動

我開始對北歐雜貨產生興趣時，認識了名為「活動雕像」的家飾。刺蝟家族會隨著風或空氣緩緩搖動，真的很療癒，也不用清潔。

透過花藝掛飾享受花卉變化

每年我會固定一次請店家幫我製作鮮花掛飾，像是在 Momiji 市集，或者橫濱的活動等等。我喜歡花卉從鮮花變成乾燥花的過程，而且乾燥後仍舊可以掛上好幾個月。只要不直接接觸陽光或冷氣出風口的話，就可以延長掛飾的壽命。

善用花卉和綠意，妝點單調的空間

雖然我不喜歡增加家中的物品，但是也不樂見住家的空間過於單調。這時候，便可以利用觀葉植物、葉材、鮮花等等，來增添一抹色彩。

家裡的觀葉植物有：愛心榕、闊葉榕、萬年青三種。平日的照顧只要注意別澆太多水，偶爾讓植物曬曬太陽，它們就會長得非常好。

早上起床，看到植物們冒出了新芽！諸如此類的小變化，便是我們的日常小確幸。

當初我們舉辦婚禮時，為了營造出婚宴的自然氛圍，我們運用了大量的葉材。在那之後，我開始會在家裡使用葉材裝飾。尤其夏季的鮮花非常容易腐壞，葉材是較好的選擇。冬天可以裝飾木棉枝條，感受季節變化之趣。

鮮花的色澤鮮艷，很容易就能買到平時購物時不會選擇的艷麗色彩，用來改變居家氣氛，再適合不過了。我大多在超市附設的鮮花區購買，差不多日幣兩百元～五百元，就能享受當季花材，花費不貴，又能持續下去。

愈養愈愛不釋手的觀葉植葉

我們家的觀葉植葉，六月～八月間一口氣長大好多，換盆也是選植物最有活力的時候進行。不過葉子很容易積灰塵，所以我會在心情好的時候，廚房紙巾沾濕後，加以擦拭。

夏季用葉材增加清涼感

最常用到的是滿天星、尤加利。滿天星的季節是五月～八月，尤加利一整年都能買到。兩者在超市的價格都不會超過五百日元，還可以維持好幾個月，對錢包很有益。

利用輪臺做日光浴

只要放在輪臺上，觀葉植物就算長大了，還是可以輕鬆改換擺放位置，或是移動到窗邊做日光浴。除了盆栽之外，除濕機、電風扇也可依法炮製。

screw-top
KEEPER 1000ml

美好的一天，
就從「老公泡的咖啡」開始

早上，老公會在我準備早餐和便當的時候沖泡咖啡。當然我也會泡咖啡，不過咖啡是老公的興趣之一，所以他都會主動請纓。

我們兩人剛交往之際，有一天他說：「有人送我咖啡，我們泡來喝喝看吧。」他從公公那裡借了咖啡用具，親手磨豆子、沖咖啡給我喝。

老公生平第一次沖泡的咖啡帶著強烈的酸味，酸到我們兩人喝了都不禁大笑，那真的是一段美好的回憶呢。之後，我們開始尋找彼此喜歡的咖啡風味，享受起居家的咖啡時光。

不過，我們對於咖啡豆或咖啡的沖泡器具並不會特別講究，也沒有固定去的咖啡店，而是隨機購入一百克三百日圓左右的豆子，加上家裡沒有磨豆機，所以我們會請店家磨好，回到家再放入密封容器。咖啡豆放常溫的話，豆子會酸化變得不好喝，因此我們都是冷藏保存。**咖啡，是我們每天早上都會喝的飲品，所以，我在享用的同時，也會考慮到「家計平衡」**。

無漂白
咖啡濾紙

我們家用的是對自然和人體都有益的無漂白濾紙。材質來自木頭，可以聞到淡淡的木質香。為了避免咖啡沾染味道，沖泡前我會先用熱水淋濕濾紙。

HARIO
咖啡壺

價格實惠，容易入手，已經用到第三代了。雖然我們家只有兩個人，不過也會拿來泡茶，所以買的是稍大一點的尺寸。

Uniflame
咖啡濾杯

以前是用陶瓷濾杯，不過很容易打破，收納起來也占空間。這款非常輕巧，也不用擔心打破，可以安心使用。

HARIO
V60 手沖壺

瓦斯爐、電磁爐通用，對於經常搬家的我們來說，不用重新購買真的很方便。家裡也沒有廚房熱水器，需要熱水時就直接用它燒開水。

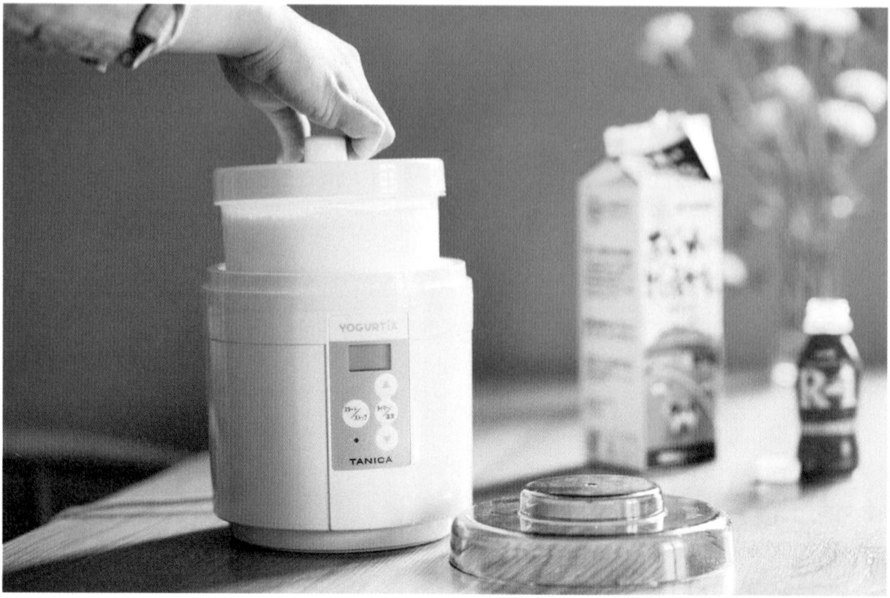

每天早上吃自製優格，遠離感冒傷風

我會用TANICA的「YOGURTiA」自製優格。說是自製，其實也只是將鮮奶和喜歡的優格拌好放進去而已。前一晚先準備好，隔天早上就完成了。一百克一百日元左右的市售優格，可以做出一公升的自製優格。我們每天早上都會吃，用這方法來增量優格的分量，對家計來說，有不小的助益。**依據優格的種類不同，酸味也會跟著改變，尋找自己喜歡的口味也是我們的樂趣之一**。我們家固定會用鮮奶和R-1優格自製自家優格。**每天都吃優格的話，還能預防感冒**。

此外，調整優格機的溫度，在家也能做出溫泉蛋或甜酒。電鍋煮好的白飯和市售酒麴混在一起，溫度設定成六十度，差不多六小時，甜酒就做好了。甜酒不含酒精，就算一大早喝也沒關係喔。優格機已經成了我們家不可或缺的家電。目前新機種「YOGURTiA S」聽說也已經在日本上市了。

北歐風馬克杯，豐富生活色彩

我和老公決定同居之際，曾一起去逛了各大家飾用品店。那時候，我接觸到了北歐風，也就是在簡單的裝潢中，大膽加入一抹鮮艷色彩的居家風格。

我查了一下資料發現，原來北歐的冬季日照時間很短，人們待在家的時間似乎比日本還長。為了豐富居家的時光，所以北歐人對於裝潢，格外講究。在家過得舒適，原本便是我追求的生活，所以我很認同北歐人的發想。

從那之後，**我開始一點一點收集，讓我「看了心情就變好」的北歐風餐具。**

我尤其喜歡ARABIA、以及Marimekko的罌粟花圖案。第一次購入的便是罌粟花馬克對杯。剛入手的時候，每次喝咖啡都開心得不得了，一看到馬克杯，內心都覺得雀躍不已。因為杯盤的顏色鮮豔，早晨的餐桌也跟著熱鬧起來。目前我們正在計畫明年的結婚紀念日要去北歐旅行，正一點一點存旅遊資金中。

讓彼此過得更舒適，有必要「訂定最低程度的規則」

我和老公都有全職工作，因此我們說好：「自己的事，自己做。」

剛結婚時，老公也會幫忙做家事，但是不知不覺間，家事卻變成了全由我一肩挑，結果我整日被工作和家事追著跑。

某天，因為老公說了一句不重要的話，引發我的不滿、情緒大爆發，我甚至說出「要是我們沒有結婚就好了」這種話。之後，老公便開始打理自己的隨身事務，像是：擦鞋、燙衣服、洗衣服等等。儘管**我們約定好什麼家事由誰負擔，不過有空的時候，會協助對方，需要幫忙的時候，也會老實說出來**。

當老公表示：「今天好累，妳能不能幫幫我？」的時候，我就會接手，而我也如此要求時，聽到老公說：「沒問題，妳去休息吧！」那一刻，心裡真的會很感動。儘管這個方法進行的速度很緩慢，不過我們夫妻的關係確實有了改善。

兩個人一起生活，其中一方很容易就會依賴另一方，因此訂定最低程度的規則，才是長遠之道。

夫妻共用的「大餐桌」

我們剛結婚的時候，家裡有一張小小的正方形餐桌。那張桌子的大小，剛好夠兩個人用餐，但是要做事的話就有點擁擠，假日必須工作、或是需要集中注意力做事時，就得外出利用咖啡店，因此假日時，我們夫妻經常是分開過一天的。

後來，我們趁著搬家換了一張大餐桌，除了用來吃飯外，也會在這張桌子閱讀、查資料、做點心、聊天等等。

我覺得大餐桌還有另一個優點，即使我和老公正在做不同的事，還是能「自然產生對話」。以前，平日都要忙工作，根本沒有像樣的溝通，現在則能**共用一張桌子，在彼此共度的時光中稍作喘息**。

就寢時間不同，也能安穩入睡的臥房

我們家習慣睡床而非榻榻米，不過以前也曾丟掉床，只鋪床褥墊就睡了。當初會這麼做，是因為床褥墊可以摺疊收放，寢室除了拿來睡覺外，還可挪做其他用途。

然而，多年下來我已經習慣睡在床上，這麼靠近地板睡覺實在不太適應。老公似乎也和我一樣，結果我們又回到了有床的生活。我們現在使用的是無印良品的雙人床架，IKEA宜家家居的床墊。

我和老公的就寢時間不同，為了不妨礙彼此睡眠，我們將床放在寢室的正中央，這樣睡覺時，就能從各自的那一頭直接進入被窩。

此外，老公怕熱、我怕冷，所以我們有自己的被子，以便各自調節溫度。

我們家的寢室只用來睡覺，因此選了不會刺眼的燈光照明，睡前尚有餘力的時候，還會點上香氛機幫助入睡。

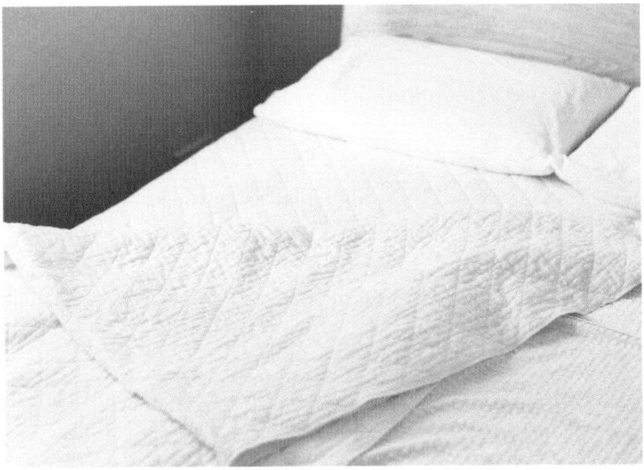

一整年都適用的 pasima 寢具

薄床墊和涼被都是購自 pasima。可以吸水、吸濕、保溫，不分季節適用一整年。夏天就蓋一條涼被，天冷的話再加棉被。整件都能清洗也很令人開心。

就寢前先整頓環境

我很喜歡薰衣草的香味，會在睡前 30 分鐘關燈，點上精油打造舒緩的空間。手機也設定成勿擾模式，並避免在睡前滑手機。

按摩有安眠效果

我很容易水腫，腿部按摩是不可或缺的功課。加上按摩有助入眠，所以我每天晚上都會做。肩膀或小腿是用薇蕾德的精油，大面積的按摩則會使用嬰兒油。

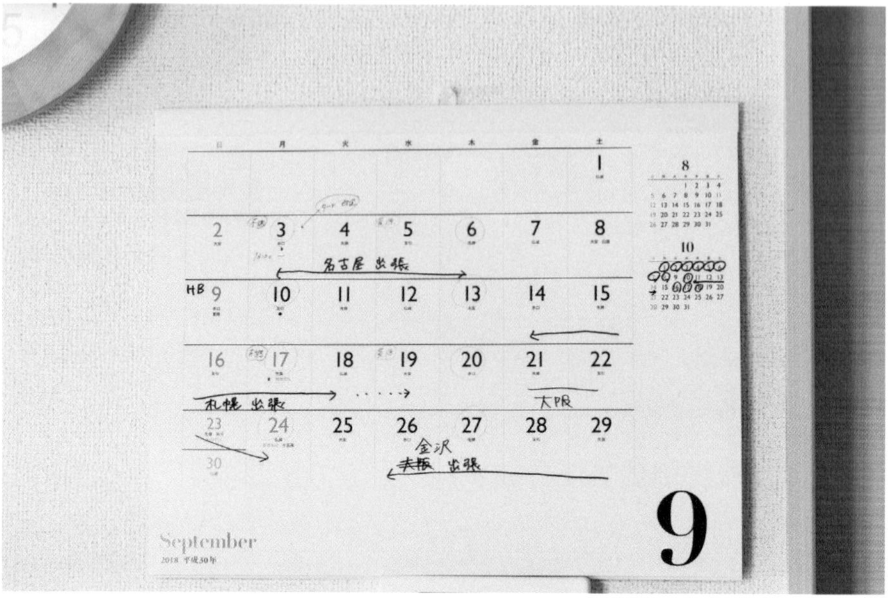

晚安「夫妻會議」

讓兩人生活圓滿的方法之一，便是共享訊息：「週末的計畫」、「有酒聚會晚歸」、「不需要帶便當」、「可以排連假」……等等。

於是，我們會在睡前或用餐時進行名為「夫妻會議」的閒聊，然後將談話內容寫進一本大月曆，隨時掌握彼此的行程。

之所以這麼做，是有原因的。

某個禮拜五晚上，我跟老公提議週末想怎麼過，老公卻回答：「公司明天有烤肉聚會，沒辦法配合。」儘管只是小事，難得我有心想兩人共度週末，為何他不在有此約時立即告訴我呢？我們也因此大吵一架。若是能事前先通知對方，我的心情和計畫也不會被打亂。

特別是，**「需要對方在場」的場合，更需要兩人共享訊息**。例如，買很貴的東西，或是家裡會有誰來拜訪等等。有時僅僅只有寫出行程，可能也難以判斷是自己去就好，還是需要兩人一起做呢。

寫好「優先順序」，週日才不會手忙腳亂

我會在禮拜五晚上，**事先列好「週末非做不可」的事，以及「想做的事」**。可以的話，假日我也想賴在家裡什麼也不做，要不就是出去玩，但是待辦之事不做的話，永遠不會結束，到了禮拜天晚上才來後悔，感覺也很差。因此，我會花點功夫讓自己一邊享受假日，一邊將該做的事確實做完。

我習慣將待辦之事寫在白板上，白板就掛在家裡無論那個角度，都看得到的洗碗機側邊。上頭分為：「To Do 清單」、「購物清單」兩區，該做的事、該買的東西，一目了然。**將「好像有什麼要去做」視覺化，才能即知即行**。

我下班後的時間表

18:00	離開公司
	← 空檔① 搭電車
19:00	抵達家門
	← 空檔② 準備晚餐
20:00	洗澡
20:30	晚餐
21:00	（老公加班的話，會在老公吃飯時陪他聊天）
21:30	收拾廚房、設定電鍋、洗衣機
23:00	入睡 ← 空檔③ 就寢前的放鬆時間

最好的放鬆時刻

上班族一週工作五天，很少會有完整的個人時光。

因此，我會趁著工作和家事的空檔，偷空放鬆心情。

以前下班回到家，就是東摸摸、西摸摸。一回神，老公已經下班回來了，這時，我才匆匆忙忙準備晚飯，一轉眼就到了就寢時間……

之前，一直這樣過著單調沒有變化的日子，直到我注意到，可以**多加「利用細碎的時間空檔」**，才開始有了**「今天也過得很充實」**的感覺。

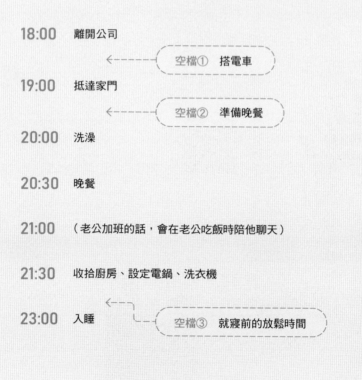

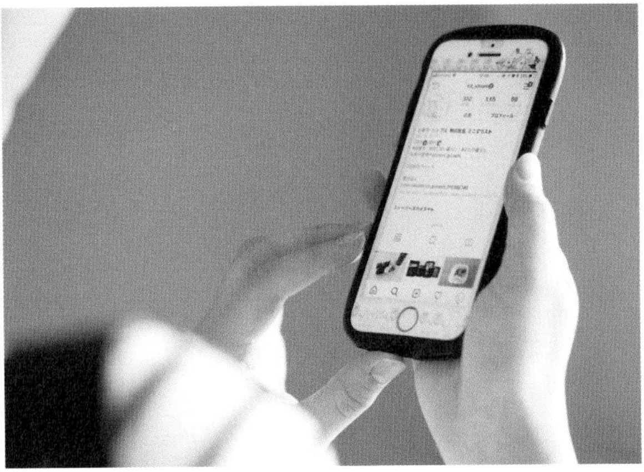

空檔①

18:00-19:00

在回家的電車上，一邊聽音樂、一邊臉書貼文，從 ON 轉換成 OFF 模式。

空檔②

19:00-19:30

回家後，備妥喜歡的飲料，打開廣播，開始煮晚餐。在廚房前面擺一張椅子，等待飯菜煮熟的時間，也可以坐下來看看書。

空檔③

22:00-23:00

入睡前的一小時，用來伸展身體，一邊喝花草茶、一邊閱讀。

【 兩人一起掌握金錢流 】

同居時代，老公負責房租、水電、瓦斯費，我負責餐費和日用品採買。手機通訊費、零用錢等則各自負擔，儲蓄也是分開進行。婚後兩人經過商量，決定將收入統整在一起。丈夫的收入扣除支出，若有剩下的話就存起來，我的收入則拿來理財及儲蓄。基本上都是我在記帳，儲蓄則交給老公管理，因為兩人共享訊息，所以彼此都知道每個月花了多少、存了多少。此外，所有支出基本上都是以信用卡支付，以便有效率地累積紅利點數。不過信用卡支付往往造成過度開銷，在此建議先以現金管理家計，等上手後再改用信用卡。

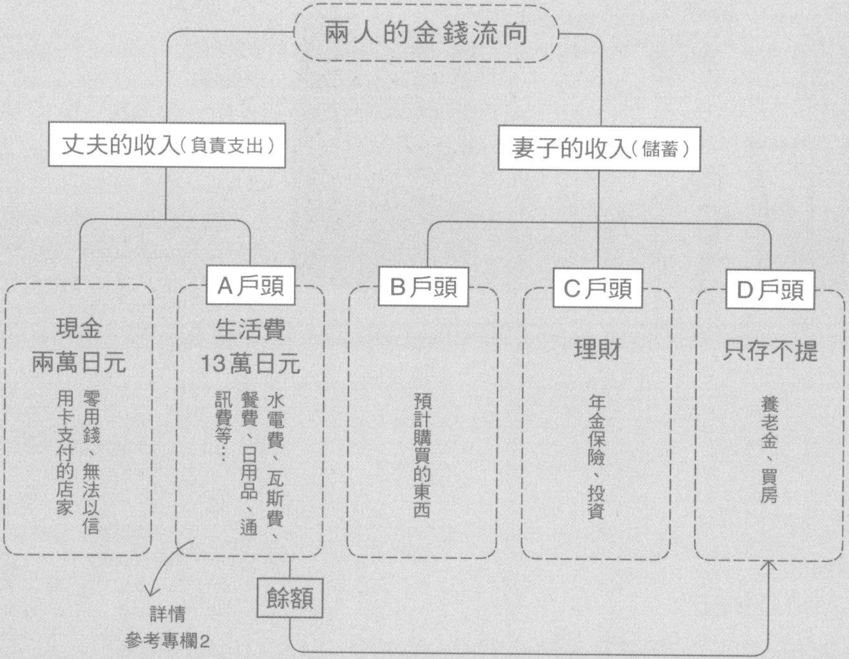

Column 1

提案二

每日飲食大原則：「美味」、「簡單」、「低成本」。

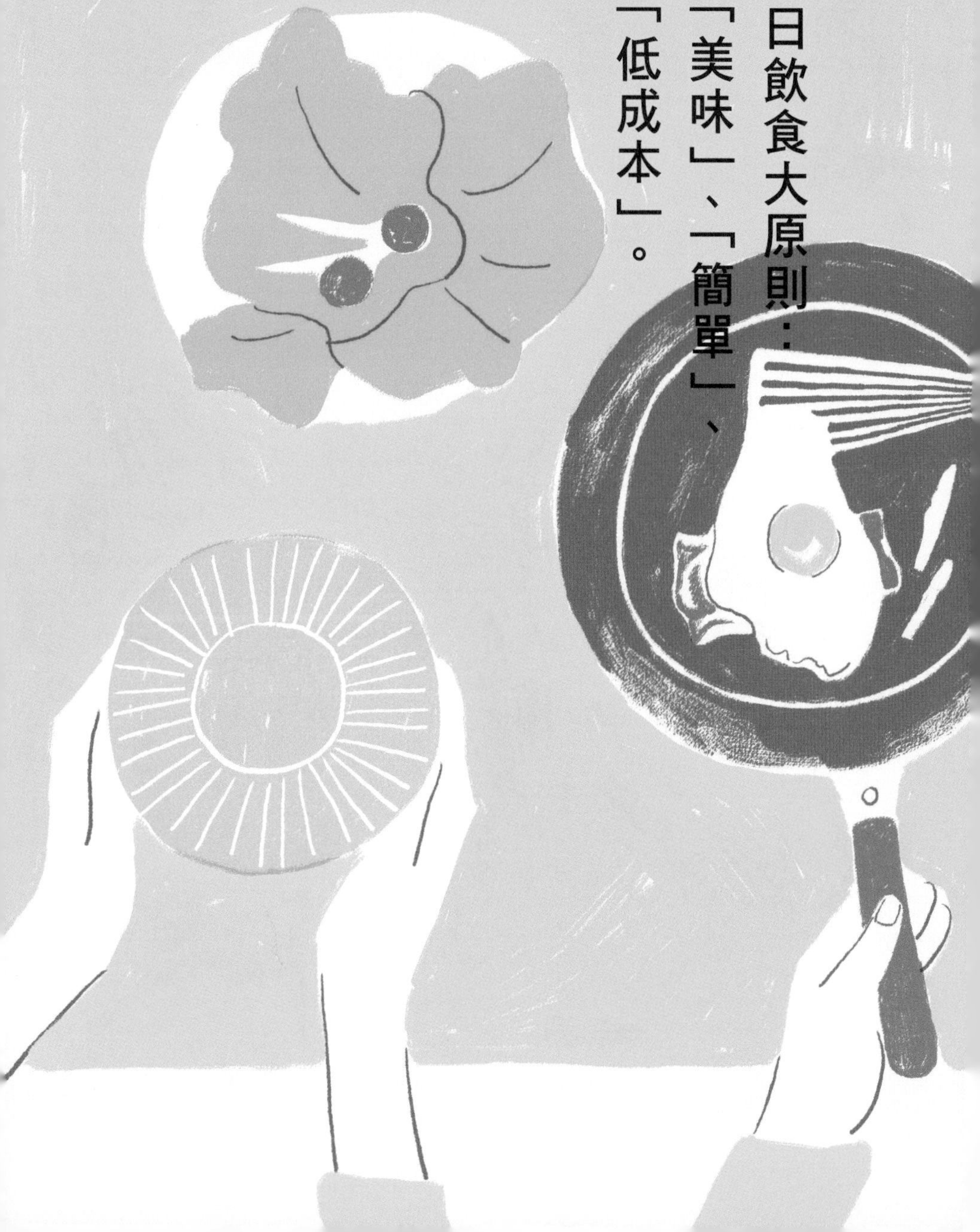

食材先燙熟，做飯輕鬆又愉快

星期三和星期日是我做常備菜的日子，每次會做三天份。內容是：三道燙蔬菜、洗淨切好的小番茄、滷蛋、雞柳條雞塊。

常備菜主要用來帶便當，如果到下一個製作常備菜的日子之前食材還有剩的話，就會在早餐或晚餐時吃掉。帶便當的時候，只要把菜夾進便當就好，倘若是晚餐，則會花點心思做變化。例如：水煮南瓜可以壓成泥煮南瓜濃湯，或是加入美乃滋和洋蔥拌成南瓜沙拉。

我們家的便當主菜，大多是前晚的剩菜，考慮到有時晚餐吃了中國菜或咖哩，味道較重不適合帶便當，此時就輪到雞柳條雞塊上場。

做法非常簡單：

①挑掉雞柳條的筋，用菜刀剁碎。

②將雞絞肉、豆腐、美乃滋、鹽、胡椒混合均勻。

③用湯匙舀入燒熱的平底鍋，兩面煎熟即可。

加入紫蘇或起司也很美味喔。

只選健康有益的食材

我們家習慣吃糙米，有空的時候也會自製酵素糙米。所謂的「酵素糙米」，就是將糙米和紅豆一起蒸熟，加入鹽巴攪拌，接著在電鍋保溫的狀態重複上述作業至少兩天以上。如此一來，口感會變得比普通糙米軟Q許多。**糙米的食物纖維、維生素、礦物質都比白米豐富，基於健康考量，我才選擇糙米。**

話雖如此，有時也會很想吃白米飯呀！這種時候，我會選加了糯麥的白米。糯麥的營養也很豐富，推薦大家食用。

酒粕也是我們家的常備食品，因為我老公每天都要喝。夏季身體覺得倦怠，或者冬季手腳冰冷時，我也會在早上喝一杯酒粕。只要加點蜂蜜或蔗糖，味道就會變得相當棒喔。

以前每逢季節轉換之際，我的身體必定會出事，自從在日常飲食加入發酵食品之後，這幾年我就沒有再感冒了。

是便當盒，也是保鮮盒

我會用圓形及方形的保鮮盒保存料理。

吃剩的米飯放圓形保鮮盒，冷凍起來保存。方形保鮮盒則放常備菜和帶便當。塑膠製品很方便，舊的髒了，再買新的替換就好，而且還可以疊起來收納，完全不占空間。

此外，**我們家都是用保鮮盒取代便當盒**。以前我也是用過便當盒，但是清洗時要將隔層一一取出，真的很麻煩。保鮮盒的話，手洗也很輕鬆。

加上它還適用於微波、冷凍冷藏、洗碗機。**多虧有了它，我才能堅持每天早上現做便當**。令人開心的是，就算將保鮮盒便當放進包包裡，也無須擔心汁液漏出來。再加上保鮮盒內沒有間隔，也就不用去想菜色該如何配置的問題。對分秒必爭的早上來說，實在再適合不過了。

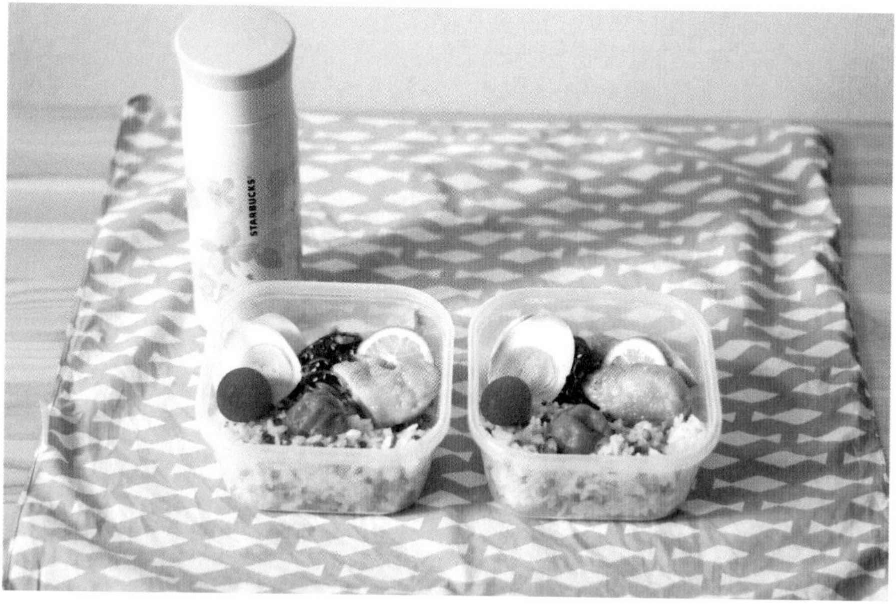

老公也能完成的「裝進去即可」便當

我們夫妻平日上班都是帶便當，只要將前晚剩下的主菜和常備菜裝進保鮮盒就算完成，就算有的日子我無法準備，也不用擔心。

一開始，老公常不清楚便當菜飯要裝多少，也曾在一天內，就消耗完我準備的三天菜色分量，不過現在的他已經能精準掌握了。

隨身帶的保溫瓶，基本上都是裝過濾水，冬天則改裝熱水，偶爾想換個心情，就改成綠茶或紅茶。**養成喝好水的習慣之後，自然而然就不會在便利商店或自動販賣機買飲料**。因為我們知道就算是小小的花費，累積下來也是一筆大開銷呢。

Brita 濾水壺

為了提升水的品質，我們買了濾水壺。濾心只要兩個月換一次就好，比瓶裝水划算很多喔。

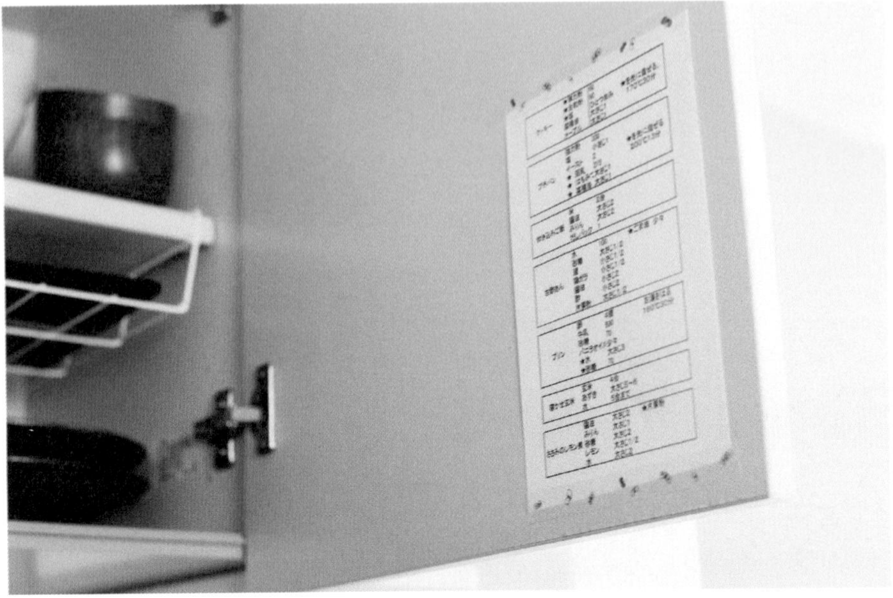

經常做的菜色寫成食譜貼在看得見的地方

雖然我很喜歡下廚，但是平日沒做飯心情的時候，則信奉「效率至上」。

提高做飯效率的方法之一，就是將常做菜色的食譜，貼在廚房吊櫃的門後。

雖然上網也能輕鬆查到食譜，但是一邊滑動手機、一邊做菜很麻煩，何況也不衛生，因此我寧願自己貼小抄。

說是食譜，其實並沒有料理步驟，只要寫上「材料」和「分量」就可以了。**只要記住基本分量，稍微改變食材，就能變化菜色。**

我的食譜小抄有：手工餅乾、小麵包、炊飯、糖醋汁、布丁、酵素糙米、檸檬雞柳條。每一道都是我們家餐桌頻頻登場的菜餚。

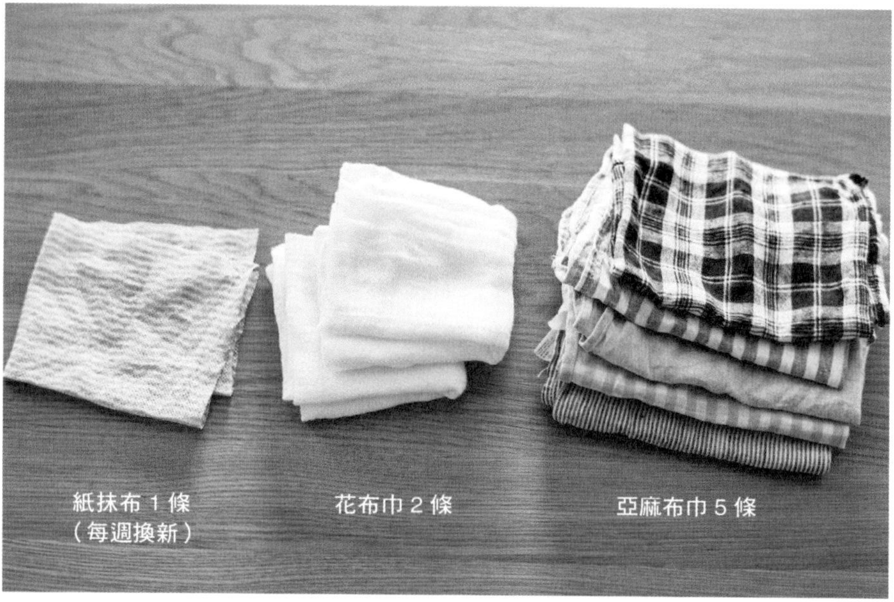

廚房使用的三種布類

我們家廚房使用的家事布，分別是：紙抹布一條、花布巾兩條，以及亞麻布巾五條。**清楚區分家事布的用途，有助於提高料理和清潔的效率。**

紙抹布用來擦拭作業臺，每週更換一次。丟棄之前，可以清潔遙控器縫隙或烤箱。這個習慣會讓人身心變得舒暢，我相當喜歡。

中川政七商店的花布巾，用途是：擦拭餐具、製作麵包及當做蒸籠布。此款布巾的材質與蚊帳相同，吸水性、速乾性皆屬上乘之作，用久了，手感會變得愈來愈柔軟，真的非常有趣。

「fog linen work」的廚房布巾是用來擦手的，以及鋪在洗好的餐具底下。我已經愛用五、六年了，使用的感想是：堅固、易乾、衛生。至於餐桌清潔，我會用廚房吧檯的濕紙巾擦拭。自從我明確區分每種布巾的用途，衛生紙的購買率更是大大降低了，甚至現在也不太需要了呢。

廚房用具只有三種

我們家在廚房使用的道具，就只有：湯勺、料理夾、鍋鏟。

湯勺、鍋鏟和平底鍋，都是法國特福牌。因為平底鍋有鐵氟龍加工，為了避免刮傷鍋底，所以我選樹脂的料理夾。

儘管家裡還有其他夾子，但是做菜時我只用「單手就能操作」的料理夾。這個料理夾好用極了，無論翻炒、攪拌、夾取等等，通通可以搞定。若有其他調味的食材需要攪拌，我則改用一般吃飯用的筷子，廚房就不另備料理筷了。

平時我便將這三樣用具連同鍋子一起，收放在固定的地方，要用的時候再一起取出。以前我都是廚房有地方就放，但是不用的時候，又擔心會噴到油汙，後來就一併收納在櫃子裡。

沒力氣時的救命菜單

平時工作日的晚餐，我只做三十分鐘內就搞定的菜色。尤其，想要立刻解決晚餐的時候，我就會做「蟹肉蛋燴飯」。

將蛋液煎熟後，盛在剛煮好的飯上，再淋上芡汁，完成。只要將飯先煮好，十分鐘就能上桌，這是我忙碌時的固定菜色。芡汁的材料是：醬油、醋、砂糖、薑。煮滾後，加一點太白粉汁勾芡。加了薑的芡汁，會讓身體和心靈都變得暖呼呼的喔。

倘若累到完全不想煮，我就會請出「冷凍食品」或「泡麵」。工作都忙到不可開交了，這時豁出去吃一碗泡麵也是很重要的事喔。萬一家裡只有我，我甚至連泡麵都懶得泡。納豆，配上常備菜，就是我的一餐。我和老公下班回到家時，兩人往往已經疲憊不堪，就無須再勉強自己做飯，這時**馬上就可完成的菜色，就是最好的晚餐選擇**。

檸檬雞柳條

【材料】
雞柳條…5~6 條
☆醬油…2 大匙
☆味醂…1 大匙
☆砂糖或蜂蜜…1~2 大匙
☆檸檬汁…1/2 大匙
☆水…2 大匙
☆太白粉…適量
☆碎芝麻…適量（裝飾用）

①取掉雞柳條的筋（用湯匙壓住雞肉，再用廚房紙包住筋膜，邊施力邊取出）

②將雞柳條沾滿太白粉

④用平底鍋煎雞柳條，兩面呈金黃色後取出

⑤在同個鍋子倒入☆調味料，煮至濃稠

⑥將雞柳條放回鍋中，兩面裹住醬汁就完成了

【材料】
米…2 杯
洋蔥…半顆（切碎）
大蒜…1 瓣
雞肉或熱狗…120 克
（切成喜歡的大小）
紅椒、黃椒…半顆
（切成短條）
番茄罐頭…半罐
綜合海鮮…180 克
鹽、胡椒…適量
☆水…350cc
☆酒…50cc
☆高湯塊…1 塊
☆薑黃…適量

①在高湯中混入☆的材料

②用平底鍋炒香大蒜，再加入洋蔥拌炒

③繼續加入雞肉或熱狗、彩椒拌炒

④將雞肉或熱狗、彩椒暫時取出

⑤放入白米，翻炒 5 分鐘至白米呈透明狀

⑥在平底鍋加入☆高湯，以及番茄罐頭

⑦加入綜合海鮮，開大火煮至沸騰

⑧沸騰後轉小火，蓋上鍋蓋加熱 12~14 分鐘

⑨關火，放回雞肉或熱狗、彩椒蓋上鍋蓋悶 15 分鐘就完成了

西班牙海鮮飯

公開我們家的常用食譜

我剛開始做菜時都會參考食譜，不過做久了就懂得變化內容，甚至創造出我們家獨有的菜色。

這些原創菜簡單就能完成，而且不用洗一堆碗。隨著老公點菜率增加，也就漸漸變成我們家的指定菜，都是一些我們吃慣的風味，也可說是我們家的味道。

遇到特別的活動或是假日，有空時，我也會費心思準備大菜。不過說實在的，一年之中兩人的簡單生活幾乎都是過著普通的小日子。所以，這本書想要跟大家分享的，還是普通日子馬上就能上桌享用的食譜唷。

麻婆豆腐

【材料】
豆腐…1 塊
豬絞肉…100 克
大蒜…1 瓣
薑…1 節
長蔥…半根
☆豆瓣醬…1 小匙
☆酒…1 大匙
☆甜麵醬…1 大匙
☆雞高湯…250cc
☆砂糖…2 小匙
太白粉水…適量
香油…1 大匙

①在平底鍋倒入香油，炒香切碎的大蒜、薑、長蔥

②倒入☆的調味料和絞肉，煮滾

③加入豆腐，再度煮滾

④倒入太白粉水勾芡就完成了

雞肉火腿

加入
香料鹽、胡椒、
香草也很美味

【材料】
雞胸肉…1 片
砂糖…2 小匙
鹽…1 小匙

①去除雞胸肉的皮

②用砂糖、鹽塗抹雞胸肉，放入保鮮夾鏈袋

③放在冰箱冷藏一晚

④燒開一鍋水，轉小火，雞胸肉連同夾鏈袋一起放入，煮 3 分鐘左右

⑤關火蓋上鍋蓋，冷卻 3~4 小時

⑥放涼後就完成了

康門貝爾乳酪鍋

【材料】
水…300 克
高湯塊…2 塊
白菜…1/4 顆
五花肉…300 克
小番茄…適量
康門貝爾乳酪…1 盒

①大白菜一層層剝開，每一層夾一片五花肉，疊至 5~6 層後，切成 6 等份

③切面向上鋪在鍋中，最後加入小番茄

②高湯塊放入水中溶解，將高湯水倒入鍋中

③燉煮約 15 分鐘，灑上康門貝爾乳酪就完成了。建議最後可煮成燉飯收尾！

忍不住就買下的優質調味料

我們家的調味料算多，特別是：豆瓣醬、甜麵醬、韓式辣醬、辣椒粉，我都會小心翼翼，留意別讓它們斷貨。

其實只要有了「○○風味粉」，這些都不是必須，但是為了微調出我們夫妻喜歡的口味，則缺一不可。有時看到很稀奇的調味料，我也會不考慮用途就衝動買下，因為我們夫妻都是很勇於嘗試各種調味的人。

「芝麻油」我選的是無漂白芝麻、以石臼研磨而成的產品。石臼研磨是自古流傳的傳統製法，意指以石臼研磨低壓榨取。「豆瓣醬」可熱炒增添辛辣風味，或是拿來炒麻婆豆腐。「甜麵醬」就是有甜味的味噌，炒青菜想增加甜味或厚度時，就可以用它。「韓式辣醬」用來煮帶辣味的湯品，或做沾醬使用。「辣椒粉」則可用來製作豆腐鍋這類較辣的濃湯。「千鳥醋」加入鹽、砂糖、高湯，就可用來醃製泡菜。做出來的泡菜，酸味柔和，非常美味呢。

將食材用完的購物祕訣

我們會在禮拜六一次買齊七天份的食材。有時，是老公獨自前往採購，因此要事先決定「購買原則」。單次的採購額度在日幣六千元以內，裡頭必須包含常備菜。蔬菜的話，就買洋蔥、紅蘿蔔、薑；肉類則有：豬肉、雞胸肉、雞柳條。其他的菜就是早餐不可缺少的納豆、鮮奶，還有冰箱中必須一直有存貨的雞蛋。

此外，還會購買六～九種蔬菜來做常備菜。如果有其他食材需要補充，也必須控制在這個預算內。**只要遵守這個規定，就能成功買到七天內把食材吃完的分量。**

因為食材的價格是浮動的，萬一採購金額超出預算，就必須壓低外食費用，以保持整體存款的平衡。外出採購前，我先上網確認 Web DM，瀏覽一遍各家超市的「廣告商品」，就能大致知道「這個禮拜某商品很便宜」，挑選食材時，也會更加順利。

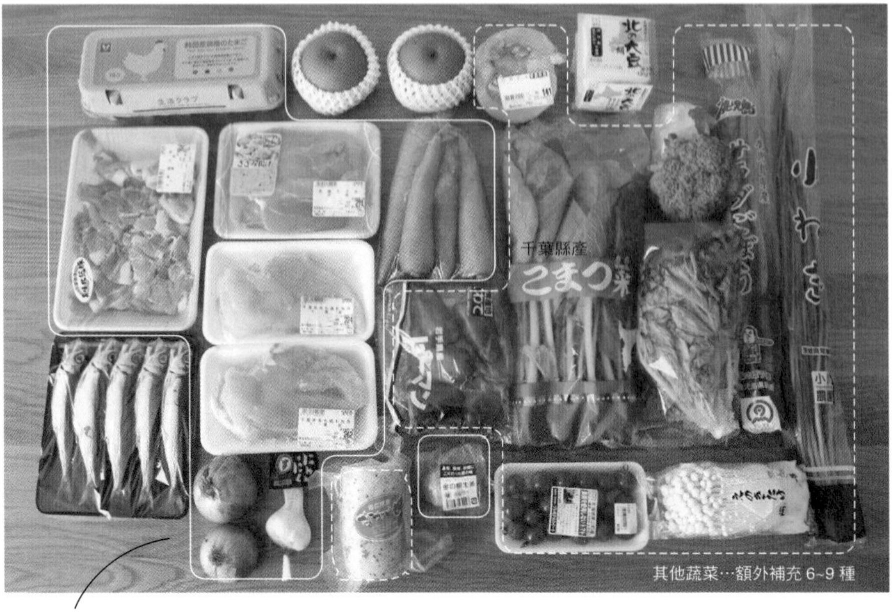

常備食材…洋蔥、紅蘿蔔、大蒜、薑、豬肉、雞胸肉、雞柳條、雞蛋。納豆和鮮奶家裡還有，所以不買。

平日五天份　合計 3200 日元

忙碌日子的餐點

上方，是我們家平日五天份的食材。這些再加上超市的甜點、咖啡豆、六日的食材，一共在日幣六千元以內。簡單計算的話，**一天的晚餐費用是六百四十日圓，一個人只要三百二十日元就搞定了。**雖然有時工作回到家很累，也會去便利商店買便當打發，但是在我們實際計算出一天的餐費之後，可以的話，我們都會盡量自己煮。

週日晚間的常備菜

燙蔬菜依採購內容而變，這天是南瓜和花椰菜。

週三晚間追加的常備菜

因為晚餐也有吃，所以週三要補做。滷蛋或日式蛋卷，這兩種一定會做一種。

週一

花椰菜義大利麵
南瓜沙拉（活用常備菜）
雞肉火腿

週一大多疲累不堪，所以只簡單做了義大利麵。使用常備菜的南瓜加以變化，做成了沙拉。

週二

魚的南蠻漬
沙拉（活用常備菜）
油菜金針菇味噌湯

每週想吃一次魚。這天做成清爽的南蠻漬，隔天早餐也有登場。

週三

蛋包飯
花椰菜豆腐味噌湯

週三是老公做菜。他的拿手菜是大分量蛋包飯。這天我加班，老公自己先吃了。

週四

薑汁豬肉／山藥泥飯
海帶芽豆腐味噌湯
柴魚片拌青椒（活用常備菜）

薑汁豬肉不用豬里肌，而是碎肉片。因為還要帶便當，所以用太白粉收乾湯汁。

週五

雞胸肉鹽麴燒
涼拌豆腐／蘿蔔乾
洋蔥紅蘿蔔味噌湯

前天我用鹽麴醃雞肉。明天就是採購日，想把食材吃完，所以比平常多出一道菜。

利用電烤盤讓餐桌變得更有趣

BRUNO電烤盤是我們家餐桌上的常客。上桌的招牌菜色是：煎餃、燒肉、章魚燒；最近還會用章魚燒的烤盤製作燒賣。假日想吃鬆餅當點心時，偶爾也會用電烤盤完成。平底鍋一次只能煎一張餅，而電烤盤一次就能做兩人份，真的很方便唷。

這款電烤盤的大小剛好適用兩人生活，清洗起來也很輕鬆。**夫妻兩人一起做菜，不但好玩，還能營造派對的氣氛**。

商品有附蓋子，做一些需要蒸煮的料理，像是西班牙海鮮燉飯，也能簡單完成。我們常在週末使用，最適合想要一邊聊天、一邊用餐的時候拿出來使用。

烤盤用完後要立刻清洗，其他部分則用酒精擦拭乾淨就好。記得使用時要開窗戶換換空氣，以及在布製品上噴上除臭劑，這樣隔天早上，室內就不會殘留異味了。

一點一點收集而來的三十七件餐具

餐具我們都是一次買兩人份，一點一點慢慢地收集。有訪客的時候，則以紙餐具應對。三十七件餐具對兩人生活來說，或許是有點多，不過每一件我們都愛不釋手，花了好多時間才找齊。

結婚之初，我們的手頭並不寬裕，幾乎所有餐具都是百元商品。而我也不是一開始就很會做菜，慢慢地在懂得下廚的樂趣之後，才開始對餐具產生興趣。

我們家的餐具以北歐風為主，有時配合料理也會使用日式餐具。

陶瓷盤，是我們去沖繩旅行時購入的。我早就想要深一點的盤子，但是為了兼做紀念，一直忍到旅行時才買。**盤子有了回憶之後，使用起來會更開心呢。**

【明確訂定每年、每月預算】

我們家並沒有規定一定得存多少錢，而是**徹底控管支出，打造絕對有錢可存的系統**。現在住的房子是公司提供的，房租會從薪水扣除，所以並沒有包含在預算中。

◎每月13萬日元的生活費

固定費

保險	14600日元
零用錢	10000日元（一人5000日元）
網路	3800日元
水電瓦斯費	15000日元
iCloud	400日元
Apple Music	980日元

食	40000日元
交通	10000日元
其他（家飾、醫療、書籍、學習、消耗品等）	25000日元
手機月租費	5000日元
生協超市	5000日元

◎每年240萬日元的支出預算

生活費（每月13萬×12個月）	156萬日元
每年4~5次旅行	40萬日元
特別支出	20萬日元
治裝費	14萬日元
預備金	5萬日元

支出預算每年都不一樣，我們夫妻會在年底時討論出一個金額。將明年的預算，按照月份、類別條列出來，就能掌握預計會花到的錢。例如：為雙親計畫了60大壽之旅，那麼就得列出預算，或是預計汰換吸塵器，也得寫出來。

提案三

打掃和家事條理化，兩人一起分擔。

共同分擔家事，減輕彼此的負擔

我們家是雙薪家庭，因此家事也是由兩人平均分擔。晚餐由我負責，不過老公禮拜三不加班，所以是他做晚飯，而沒做飯的人，就要負責設定洗碗機和電鍋。

星期六我們會花一小時的時間，將平日無法做的家事一次解決。例如：七天份的食材採購，大多是兩人騎腳踏車一起去買，有時還會騎到遠一點的超市採購，感覺就像去郊遊，這也是我們夫妻的假日休閒之一。當然也有兩人行程無法配合，只能由其中一方單獨去購買。

我們家的家事分配原則，就是「不強求對方做討厭的事」。例如：我老公討厭掃廁所，所以廁所就由我負責；而我不擅長浴室清潔，老公也會大方接手，儘管他掃得很隨意，但是勝在勤快。

「既然是兩人一起生活，就要兩人一起分擔」，並且「心懷感謝」。希望今後，我也能常保這樣的心態。我們就這樣磨合了半年以上的時間，才建立起明確的家事分工制度。

兩人一起決定的家事分工

平日

我的部分	老公的部分
每天早上啟動洗衣機	每天早上晾衣服
準備晚餐	（週三）準備晚餐
準備早餐＆便當	（週一）（週四）倒垃圾＆清掃玄關
（週三）掃廁所	
沒有煮晚餐的人 要設定洗碗機、電鍋	

假日

我的部分	老公的部分
（週六）掃廁所	週末的浴室打掃
一週一次食材採購	
準備晚餐	
管理家計（記帳）	

對於沒在做家事的老公來說，突然激增的家務似乎帶給他很大的負擔。儘管我有教他應該怎麼做，但他就是學不會，甚至會不耐煩，這時候「絕對不能氣餒」。

我會特別留意在一些小地方表達感謝，以及提醒老公該做的事。如果輪到老公倒垃圾，我就會提醒他：「今天要倒垃圾喔。」發現洗碗機和電鍋還沒設定，就會告訴他：「明天要做的事還沒準備好喔。」當丈夫表示：「今天好累請幫我做吧。」我也會爽快回答：「好啊！交給我。」絕對不會露出不悅的表情。家事對老公來說是全然陌生的領域，突然一股腦兒丟給他，當然會做不好。因此，我也會很有耐心地從旁協助，而老公也慢慢養成了主動做家事的習慣。

支持雙薪家庭的六樣掃除利器

我們家用來掃地的工具有六種。對兩人家庭來說，或許是有點多。

因為我和老公覺得用起來順手、可以提起幹勁的工具每個人都不一樣，我們家自然而然就出現了這樣的結果。

以地板為例，我想要多運動運動身體，所以都是用手擦，老公則習慣用紙拖把。**家事是每天都要做的事，備齊彼此覺得好用的工具，是維持好心情的方法之一**。

此外，為了在移動時順手清潔，我會將除塵滾輪放在沙發旁，覺得髒的時候就拿出來滾一滾。除塵撢子，則放在廚房吧檯附近顯眼的地方，定期拂去照明、百葉窗的灰塵。

平日的清潔

工作日沒空掃地，因此我會設定 Roomba，讓它在白天清潔客廳。拜它所賜，我們漸漸改掉在地板堆置雜物的習慣。晚上使用吹風機之後，洗臉臺的地板會有落髮，此時就用掃把清潔。心情好的話，還會連走廊、樓梯、玄關也一併掃乾淨。夜間使用掃把，就不用擔心會發出噪音。

假日的清潔

假日是 Dyson 出場的時候，Roomba 掃不到的角落，它都可以吸得乾乾淨淨。每個月換一次接頭，方便清潔床墊。此外，我還會用超細纖維布擦地板。我習慣直接用手擦，老公則會裝在紙拖把上使用。

將掃除作業可視化

我們家就像學校，也有掃除表。這個表很簡單，只寫上了每週末、每個月、每半年、每一年，需要清潔的地方。

將需要清潔的地方「可視化」，時間到了就知道該動作了，而一年清一次就好的地方，只要事先決定清理時間，例如：窗簾（黃金週）、空調（委託業者：四月），也就不會忘記了。

剛開始每完成一樣掃除作業，我就會在該項目打勾，結果空欄沒打勾的話，就會備感壓力……最後，我們想出的解決辦法是：「只列出打掃地點。」雖然簡單，卻是最適合我們的方式。

檸檬酸

酸性可以去除水垢和阿摩尼亞味。每個月我都會灑在洗碗機清潔機體，或是自製檸檬酸水去除浴室的水垢，用來擦拭馬桶周邊也很好用。

小蘇打

可以去除油汙和皂垢，我都會在廚房和浴室放置自製的「小蘇打噴霧」，噴垃圾桶還有除臭效果喔。我還會用小蘇打和咖啡渣製作成鞋櫃專用的丟棄式除臭劑。

日常使用的清潔劑只有三種

檸檬酸、小蘇打、酒精噴霧，是我在清潔時的必備三寶。去除日常汙垢，有這三種就很夠用了。家中每個區域都要準備專用的清潔劑的話，管理起來很麻煩，我希望只用少數幾樣就搞定，因此基本上只用這三樣。

不過，細菌似乎特別多的地方則例外。排水孔四周，我會用具有殺菌力的泡沫漂白劑；馬桶，則使用拋棄式馬桶刷。

酒精噴霧

廚房和廁所的常備品。做菜前拿來噴流理臺，或是用來清潔冰箱。自製果汁酒、沙瓦的時候，瓶子太大無法煮沸消毒，此時也可以噴酒精清潔。我還會頻煩噴在馬桶蓋及地板，擦拭過就能除菌。

讓廚房常保整潔的好習慣

做菜時，我想保持心情愉快，很希望廚房在任何時候都是順手好用的狀態，而且無須複雜的收拾步驟，三兩下就能恢復整潔，於是我養成了一邊做菜、一邊清理的習慣。**我會在廚房常備一條紙抹布，流理臺一髒馬上擦乾淨。養成習慣後，手自然就會動起來，廚房也不容易變髒。**

每週我會更換一次紙抹布和海綿。不過，我不會將海綿丟掉，而是拿來清潔浴室。我們家的瓦斯爐每週清理一次，因為平時一髒就會擦乾淨，因此只是將掉落在爐架下的菜渣，撿乾淨就行了。

舊衣物可用來吸取油汙

舊Ｔ恤或破洞的襪子千萬別丟，這些可以拿來當作吸油布（抹布）使用。清潔瓦斯爐的油汙重災區，或是擦乾平底鍋時，我都會先用吸油布，再用紙抹布。

兩天一次的廚房清潔

我在幾年前開始使用拋棄式濾網，因此我們家廚房沒有水槽提籠，只要更換圓環的濾網就可以了。我習慣兩天更換一次，用完就丟，清潔起來很輕鬆。

一週一次的廚房清潔

取出拋棄式濾網的圓環和存水彎，噴灑泡沫漂白劑消毒。這時候我一定會打開廚房的排風扇，讓空氣流通。

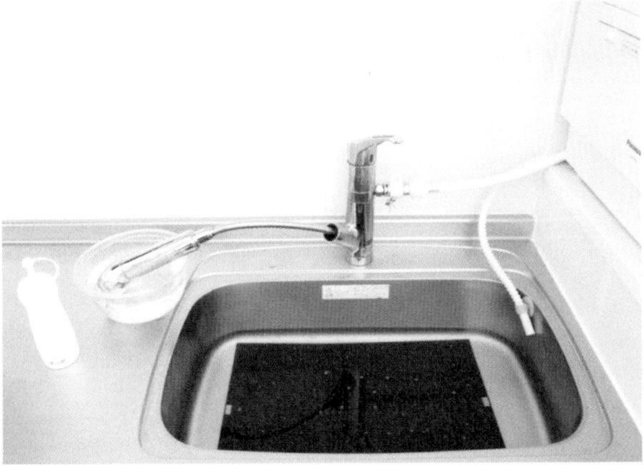

每月一次的廚房清潔

每隔一個月，排風扇的葉片就會開始泛黃。我會在水槽放熱水，加入酵素漂白劑浸泡排風扇，一小時後再用舊牙刷清洗，洗完放置晾乾就完成了。

濕氣重的更衣室，門最好別關

自從我們搬到現在這間房子，我就很擔心更衣室的濕氣問題。

因為洗臉臺、洗衣機都設在更衣室裡，打開玻璃門就是浴缸，濕氣很容易聚集，動不動就發霉。正當我不堪其擾時，恰巧發現了這款門擋。

大部分的門擋都是卡在門縫底下，調整起來很麻煩，縫隙太窄無法進入，太寬的話，又會阻礙通路……

這款門擋能在自然關門的狀態下留一道縫隙，達到通風效果。雖然我的目的是保持空氣流暢，其實它原本是預防兒童夾到手的裝置。

加上它是柔軟的避震材質，不用擔心刮傷牆壁，深得我心。我們家的臥室也很容易空氣不流通，所以也有使用。

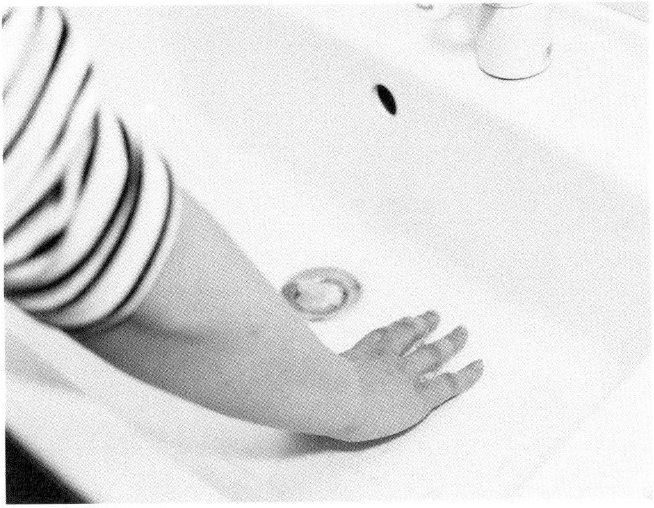

養成每晚順手清理的習慣

晚上刷完牙，我會直接用手沾一點洗手乳輕推洗臉盆、再用水沖乾淨，已經成了我的日常慣例。接著，我會用毛巾擦拭鏡子，再吸乾洗臉盆的水氣。毛巾就和其他衣物一起清洗。

養成每天清潔洗臉臺的習慣

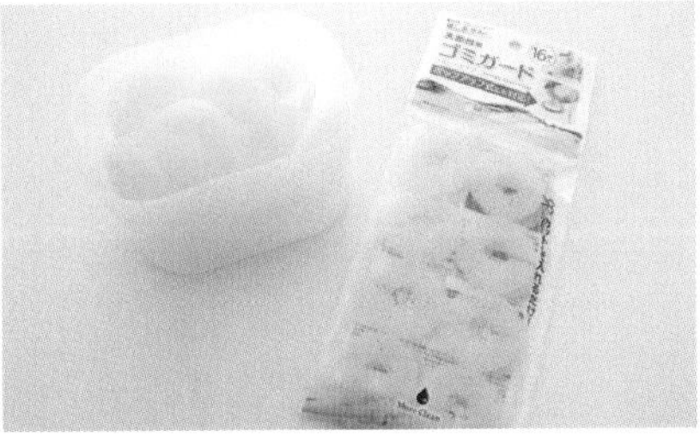

排水孔隨時保持清潔

在排水孔放置百元商店購入的海綿塞，能擋住頭髮之類的髒汙，髒了丟掉即可。我會將海綿塞剪成「適合排水孔大小」，大約每週更換三次。

洗臉臺是洗臉、刷牙、放置衣物、老公刮鬍子等等，每天都會用到的地方。一使用就會弄濕，很難不去在意水垢和發黏的問題。

儘管我也想頻繁擦拭，但又覺得麻煩，所以我養成了每天最後一次使用時順手清潔的習慣。排水孔，也花了心思避免累積髒汙。**讓我每天做下去的動力是：「不會造成負擔，可以每天持續下去。」**因為自然就能做到，也就無須格外努力了。

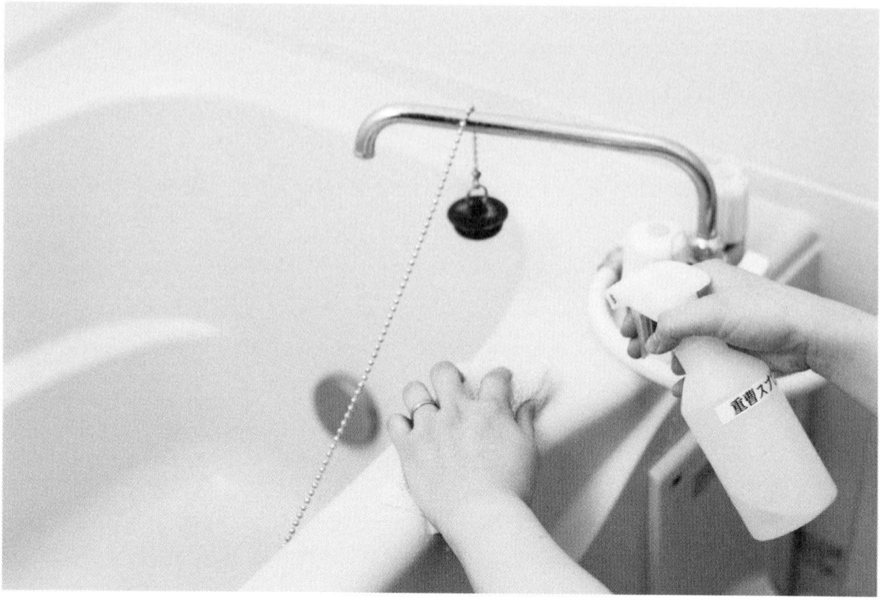

洗澡的同時順便用小蘇打清潔浴室

我會在洗澡時順便清洗浴室。洗頭或沖澡之際，如果看到了有點在意的髒汙，就用小蘇打噴霧和海綿擦擦洗洗。離開浴室前用冷水沖乾淨，接著用毛巾擦乾。

平時，我們大多只有沖澡，倘若有泡澡的話，最後一個洗的人要放掉熱水清洗浴缸。週末的大清洗，則由老公負責。

此外，浴室一旦發霉就很難根除，因此我將排水孔蓋、浴室置物架、浴室椅、浴缸蓋，通通拿掉了。從根本上減少容易發霉的地方，清潔起來才輕鬆。掃除用具放地上底部會產生黏液，因此我一律用伸縮棒吊起來。

累積一段時間才打掃，不但會讓人心情沉重，等到黑黴都長出來時，還需要用到強力清潔劑，反而更花費時間。養成每天清潔的習慣，才是最不會造成負擔的方法。

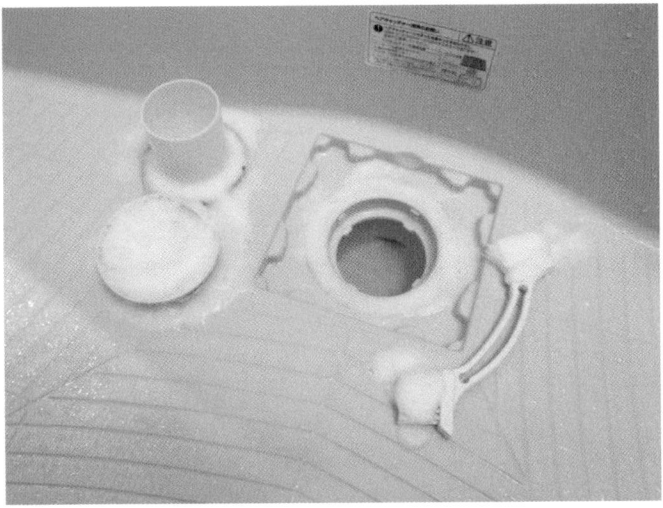

廚房泡沫漂白劑清潔排水孔

每週一次，拿掉浴室的排水孔零件，用刷子刷乾淨，接著噴灑廚房泡沫漂白劑，放置五分鐘後再用水沖乾淨。排水孔的提籠會有黏液，我不是很想摸，解決的辦法是套上廚房的濾水網，每兩天更換一次。

去除水垢

鏡子的水垢，可用檸檬酸水浸濕廚房紙巾貼在鏡面，接著覆蓋保鮮膜，放置一小時後，再用海綿擦拭沖乾淨。如果髒汙還是去不掉，就用保鮮膜沾點研磨劑，以畫圓的方式擦拭。雖然平時不會動用到研磨劑，但是萬不得已時真的非常好用。

提高洗衣效率，每天早晨兩人一起進行

每天早上洗衣服已經成了我們家的例行公事。衣服件數不多，也是原因之一，而且累積太多件才洗，晾衣服會很花時間，就結果而言，「每天洗衣服」才是最不會造成負擔的方式。

以前我們是晚上洗衣服，若遇到老公晚歸，待洗衣物就會遺漏，因此改到隔天早上。然而，換到早上，我不僅要洗衣服，還要準備早餐及便當、整理儀容，每天都是手忙腳亂……

看不下去的老公遂提議兩人分工合作，因為我們上班的出勤時間不同，我先啟動洗衣機，洗好後再由老公取出晾乾。

還有，衣物晾乾、收下轉移到衣櫥的這個過程，我也想盡量簡化。

因為平時都晾在室內，所以我便將曬衣架放在衣櫥附近。上衣晾乾後，可以連同衣架直接收進衣櫥。減少衣服要疊的動作，更節省時間。

7:00
早上起床後啟動洗衣機

平日我會在上班前洗衣服，而非下班後。假日，則洗平日無法清洗的床單、枕套、床鋪墊等，而且是掛在陽臺晾乾。若是晾在室內，就會打開浴室乾燥或除濕機。

7:40
老公在上班前晾衣服

老公通常早上七點後起床，因此晾衣服是他的工作。不過，晾好後我們是各收各的，毛巾之類的共用物品，就由其中一方主動收拾。

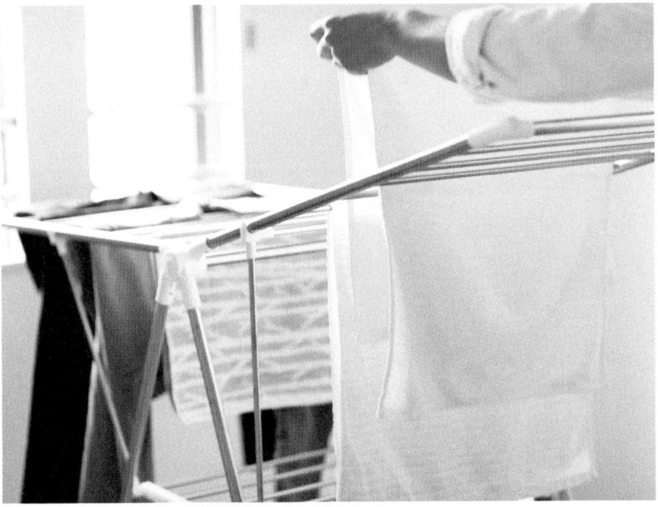

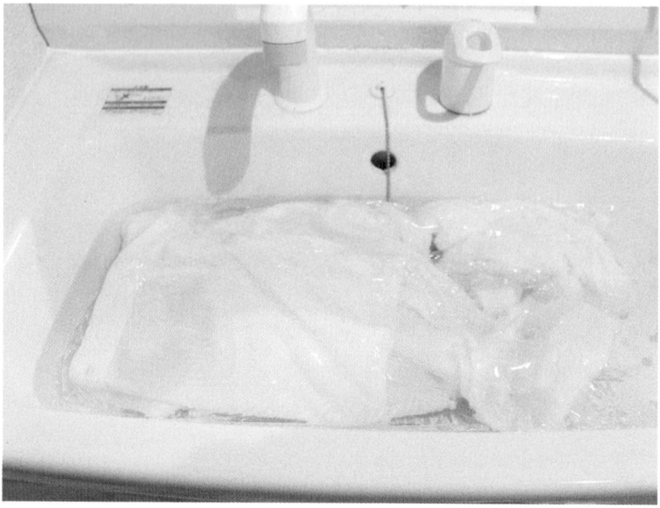

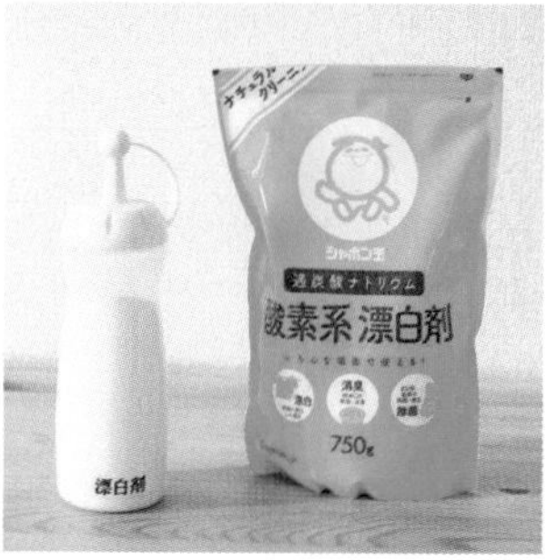

※ 裝填至密閉容器的話，可能會造成容器破損，請留意。

浸泡能讓衣物恢復潔白

衣物汙漬或泛黃，就在洗臉臺或水桶放熱水，加入含氧漂白劑浸泡，比例大約是水 2L：漂白劑 10G。30 分鐘後再移入洗衣機。

一石二鳥的洗衣劑

我們家不用柔軟精或冷洗精，只用一款名為「綠之魔女」的清潔劑。它不但能洗衣服，還有生物分解功能，順便可以通水管，消除水管四周的惱人味道。

每月十號網路訂購日用品

我們家沒有車，前往超市或藥妝店又是另一項勞動。因此，日用品都是利用網路購物，**「每月十號就是我們家的網購日」**。

會挑這一天，是因為考慮到信用卡的點數計算日，我們想利用點數紅利支付。此外，月底是我工作最忙的時候，因此十號是最好的選擇。

以前我常忘東忘西，有時一個月得跑超市兩～三次……**我從公司訂購辦公室必需品的表單中得到靈感，製作出「日用品購物清單」。每次網購前，都會先確定要補充哪些物品**。

我的訂購基準是：「一個月不補貨的話，活得下去嗎？」如果不小心月中就用完了、又是不可或缺的物品，就會提前補買。不過，基本上我們都是用替代品撐過去。自從我開始使用購物清單，也大量減少了不必要的浪費。

妥善處理「垃圾」，就能常保整潔

我們家的垃圾桶只有一個，就放在家的中心：廚房。

當家中的垃圾桶超過一個，倒垃圾的日子還得四處收集，而且有的垃圾桶使用率並不高，管理起來真的很麻煩，因此我們決定家裡只有一個垃圾桶。

不過，更衣室每天都會有垃圾產出，像是：浴室濾水網、洗臉臺的海綿塞、纏在梳子上的頭髮等等。我會在洗臉臺吊一個塑膠袋，用來收集這些細碎的垃圾，最後連同袋子丟進廚房的垃圾桶。

夏天易生臭味，我會將生鮮垃圾丟在尿布專用的除臭袋，打結後再丟掉。

此外，剝水果或丟零食包裝袋的時候，我就會使用傳單折成的小紙盒。這是小時候我從祖母那裡學會的生活智慧。每次去祖父母家必定會看到這種傳單紙盒，他們坐在電暖桌的時候就能順手折出好幾個，用來放丟棄的小東西真的很方便。

不用水槽角落架

塑膠袋，就是簡便的角落架。我做菜的時候，廚餘綁起來直接丟掉即可。
擔心會積水的話，可在塑膠袋角落剪一刀，排除水分後再丟。

配合垃圾回收日處理食材

為了避免家中堆置生鮮垃圾，我會在倒垃圾的前一天，將用不到的果皮、肉筋、花枝內臟、高麗菜梗、肉品吸水紙等，廚餘丟棄。

將收垃圾的日子做成標籤，共享訊息

我們家使用的是 30L 容量的垃圾桶，對兩人家庭來説，綽綽有餘。雖然老公願意丟垃圾，卻記不得收垃圾的日子，因此我會在蓋子上標註日期。

【 重新審視這些地方才能存到錢 】

雖然想存錢，但是又不想降低生活品質，考慮到這點，我第一個砍掉的開銷，便是「固定支出」。正因是**每個月都要付出去的錢，若能有所減免的話，將能大大減少預算。**

Column 3

01 重新審視手機費

從大型電信換成了低費率的公司。丈夫用 mineo，我用 DMM。

02 重新審視保險費

我們從結婚時加保的高額保險，改成了最低限度的保單。

03 重新審視零用錢

從一個月三萬日元減少成五千日元。必要花費就從家計支出，零用錢則用來支付咖啡錢或午餐。

＋α 就可以節約

當美食評鑑密探減少外食費用

所謂的美食評鑑密探，就是到指定的餐廳用餐，針對員工的應對、料理的味道加以評分。只要填寫簡單的問卷，就能以優惠價格享用外食之樂。

以信用卡支付

基本上我們都以信用卡付款。用紅利點數購買日用品，可以減少日常開支。

善用即期食品

雖然不會專程到超市購買即期食品，不過若是當日就要吃的，或是可以冷凍保存的食品，就會購入。

參加抽獎

免費抽獎、猜謎問答、網路抽獎等等，我會參加一些步驟簡單的抽獎活動。去年就中了飛驒牛肉和旅遊券。

提案四

一勞永逸的收納整理術。

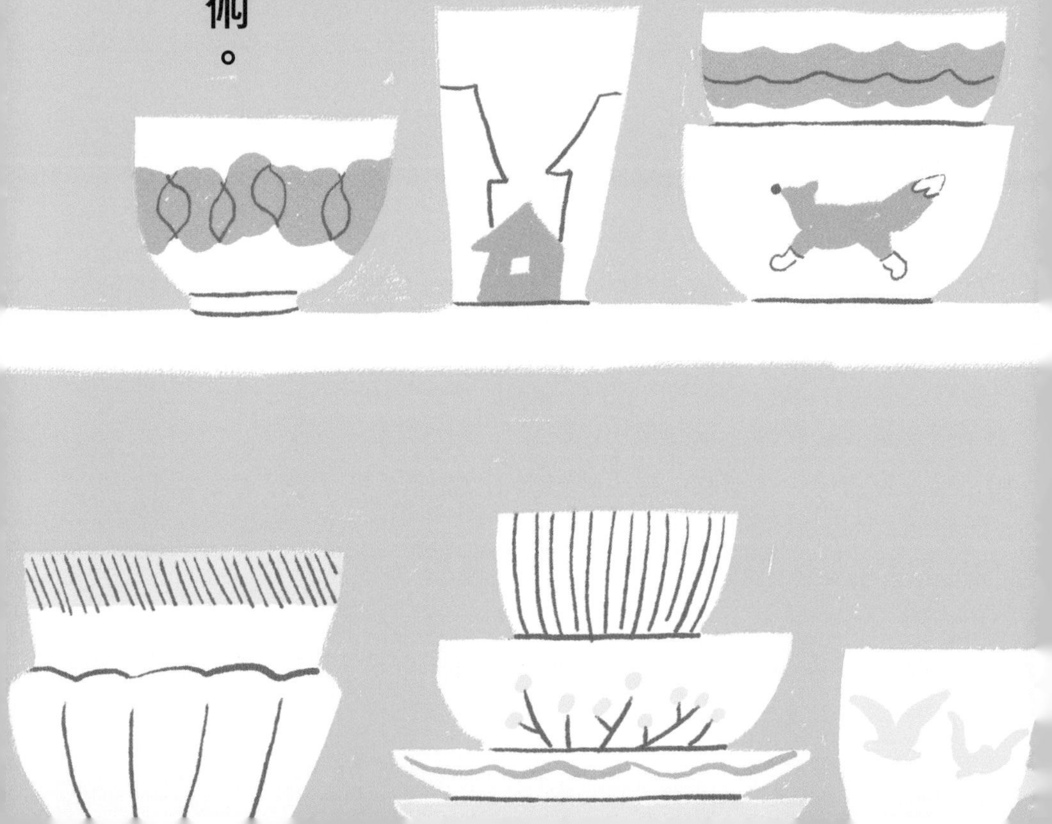

地盡其利的「隙縫收納」

想要一伸手就能馬上使用，最好的辦法是「裸放」。不過，東西全放在看得到的地方，視覺上難免給人雜亂之感。

既想保持屋內整潔，想用時又可馬上使用，解決的辦法就是：「隙縫收納。」我們家每個角落都有隙縫收納。

例如：餐桌的桌腳，可以收納護手霜和袋中袋。將「掛鉤貼紙」貼在桌腳，用長尾夾夾住護手霜，掛在鉤子上就可以了。

至於，為何在廚房放置護手霜，是因為我在家事告一段落後，大多習慣坐在餐桌前保養雙手。固定放在這個位置，我坐下後無需移動就能立刻取得。

還有，假日我常會坐在餐桌前作業，所以袋中袋也收在這邊。請你回想一下日常的動線，就能找到適合放置物品的最佳地點。

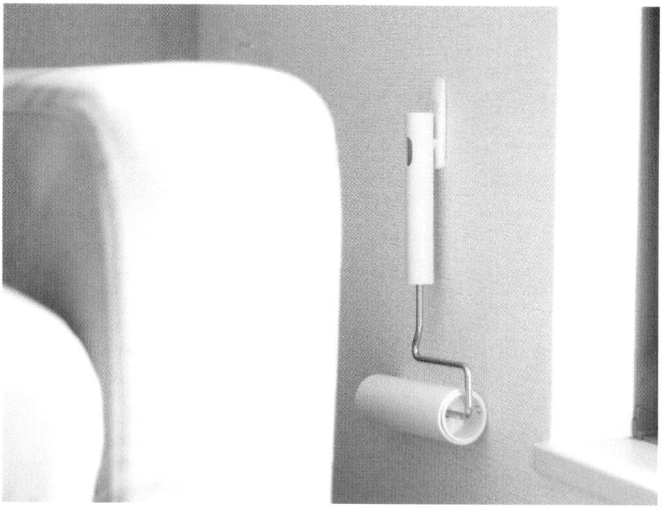

沙發旁的空隙

將插座設在牆壁上，「無論如何都會有一道空隙」。因此，我選擇將除塵滾輪放在這裡，使用「掛鉤貼紙」就能輕鬆將它掛起。我常用除塵滾輪清潔沙發或去除衣物棉絮，收納在這裡最適合不過。

冰箱旁的空隙

冰箱和牆壁的間隙也可以有效利用。在冰箱側面貼上磁鐵掛鉤，可以拿來吊掛噴霧瓶、開瓶器。原以為派不上用場的地方，只要花點心思，就能化身為意外的收納空間。

讓老公物歸原位的自製標籤

我們剛開始過「簡單生活」的時候，雖然東西變少了，不知何故還是有收不完的雜物，每天都活在壓力之中。

某天，我在公司突然想到：「為什麼辦公室總是如此井然有序呢？」儘管員工很多，但是大家都會將物品放在固定的位置……

重新審視我們家的問題後，我發現，我並沒有和老公「共享物品的歸放位置」。就算我都知道，老公卻不清楚該放回哪裡。為了讓兩人享有相同訊息，我開始為物品製作標籤。

會頻頻更換內容物的東西，我都以紙膠帶當標籤。這樣比較好撕除，使用起來也方便。

此外，**不僅該放回哪裡，就連「用法」也會寫在標籤上**，像是在洗碗機清潔劑的瓶蓋貼上用量，在垃圾桶貼上收垃圾的日子。如此一來，老公協助做家事才順利，家中再也不會有東西收不完的感覺了。

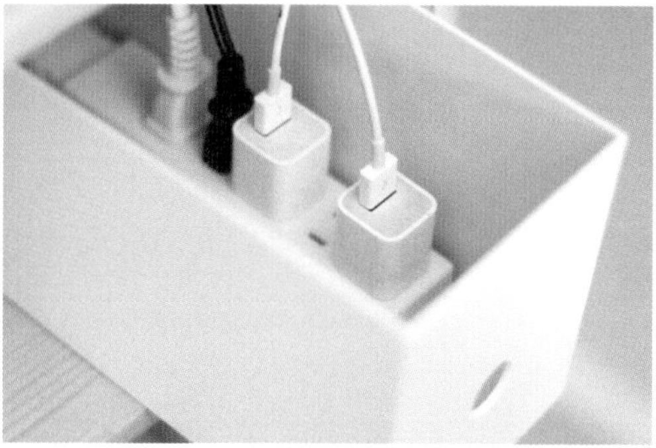

用收納盒整理延長線

智慧手機的充電線、列表機和碎紙機的電線，都集中插在同一個延長線，並用收納盒將延長線裝起來，視覺上看不見，就會變得清爽許多。

將線路固定在牆壁

利用百元商店的集線器，將數條電線統整成一束，固定在牆上。很少移動的大型家電，我都是這樣固定電線的。

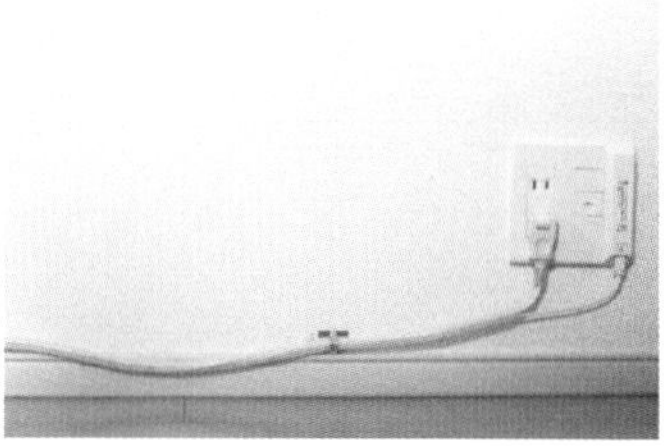

彙整雜亂的電線

環顧家中，網路線、延長線、電器的電線等等，目光所及之處都有線路。直接放地上的話，不但掃地時很礙事，也容易積灰塵。急著整理儀容出門時，還會絆到電線跌倒，真的是危險多多。因此，我們家各處都能見到不讓電線四處散落的小心思。

為電器裝上捲線器

電風扇、除濕機的電線，我都是用山善的「捲線器」整理，掉落在地板上的電線也變少了。

收納兩人衣物還綽綽有餘的衣櫥

我們家有兩個衣櫥，一個在和起居間相連的洋室，另一個在臥室。考慮到生活動線，我們夫妻的衣服是收在洋室。

以前我們使用臥室的步入式衣櫥，不過在客廳收完晾好的衣服，還得走一段路才能拿到臥室，真的很麻煩。此外，我和老公起床的時間不同，每天早上都得安靜做準備也頗有壓力，所以就換到了洋室。

衣櫥正中央是吊掛式收納櫃，以此為界，右邊是我的空間，左邊歸老公所有。

衣櫥門基本上保持敞開，右門掛帽子和包包，左門掛收納小東西的分隔包。善用掛勾和門把，衣櫥門也可以是好用的收納空間。然而，不小心動到它的話，東西就會掉落，所以我們讓衣櫥門保持敞開的狀態。家裡有客人的時候，只要把洋室門關上，就沒問題了。

另外，以前我會將衣物放在收納箱，每次使用都得開開關關，相當惱人。

最後我選擇了「吊掛式收納」，以及「直接掛著就好」的方式。衣服晾乾後不用疊，直接連衣架掛進衣櫥，超輕鬆的。吊掛式收納用來放下半身衣物、內衣褲、襪子、健身衣物、季節用品等等。

用吊掛的方式收納，衣物就不會碰到地板，掃地也容易多了。唯有換下的睡衣會放在暫時儲物盒裡。

用吊掛式收納包整理小配件或領帶
用箱子收納非當季衣物、婚喪喜慶用品
在門上放掛勾，用來吊掛包包類的物品
手帕、當季內搭、配件
（發熱衣、絲襪、手套等）
我的內衣及襪子
我的下半身衣物
老公的下半身衣物
（也會亂塞上衣……）
老公的衣物收納空間
健身衣物
我的衣物收納空間
老公：暫時放置睡衣的地方

衣櫥的衣物以吊掛為主

上衣類直接掛起來

羊毛類衣物容易變形，所以還是得折疊收放，除此以外的上衣，晾乾後就直接連衣架吊在衣櫥。以前我們所有的衣物都會摺好再收，我嫌摺衣服麻煩，常常就晾在室內不收了。現在改成這樣，輕鬆許多。

下半身衣物折好後 收進吊掛式收納

我在宜家宜室購買的吊掛式收納，一共有五層，我和老公各用兩層。褲子比上衣容易摺，所以並不會覺得吃力。

通勤包和全身鏡
就放在衣櫥附近

衣櫥旁的牆壁，用吊鉤掛著通勤包。換好衣服，背上通勤包，站在全身鏡前確認後，就可以去上班了。一連串的動作如行雲流水，地板沒有堆置雜物，空間看起來也很清爽。

衣櫥前就能完成的全身穿搭

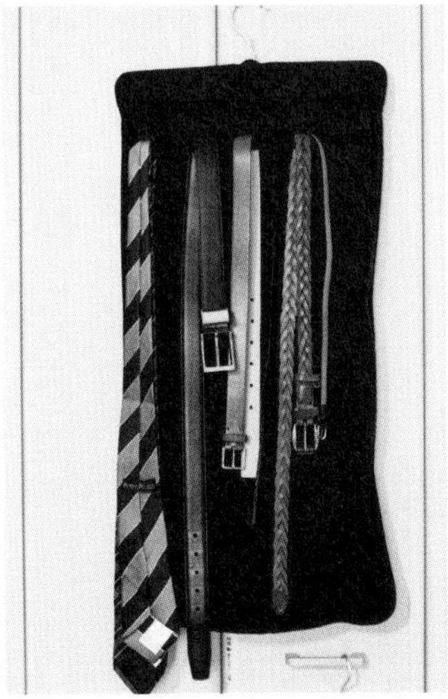

預防忘東忘西的
吊掛式收納

衣櫥門掛著無印良品的「吊掛收納袋」，用來收放小物品。這下子，就不會忘記開會時，要別上公司的識別證。口罩、暖暖包之類的消耗品，也是放在這裡。老公養成了回家後，將口袋中的東西掏出來放進去的習慣，忘東忘西的次數也大大地減少了。

換季衣物放在衣櫥上層

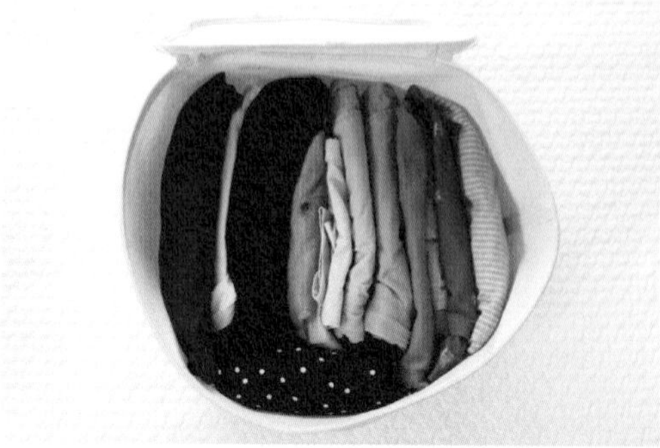

將「非當季的衣物」打包收好

非當季的衣物，統一放在無印良品的「棉麻聚酯附蓋收納箱」，收進衣櫥。夏天，就放刷毛毛衣或厚帽T；冬天，就是夏季洋裝或短袖上衣。我們的衣服大多四季通用，所以兩人共用一個就很足夠。

「特殊場合配件」和「非當季配件」

收納盒裡面，放的是無印良品的「滑翔傘布旅行可折收納袋」，用來收納「婚喪喜慶配件」、「泳衣及周邊」、「帽子或手套」，裡面裝了什麼，一看便知。要用泳衣的話，直接整包拿走即可，相當方便。我們不會買禮服和出席婚禮的洋裝，而是用租的。

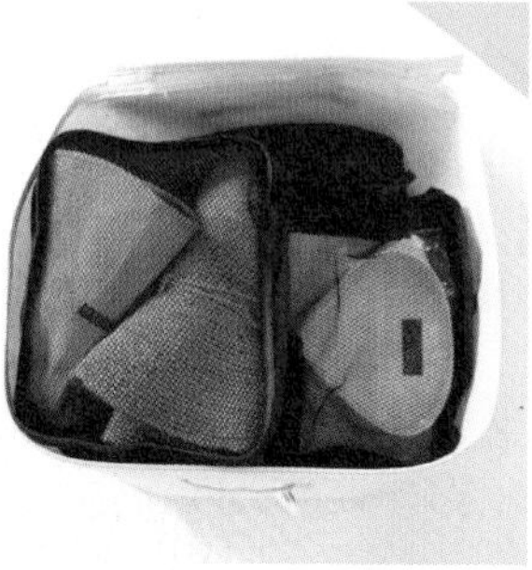

↓

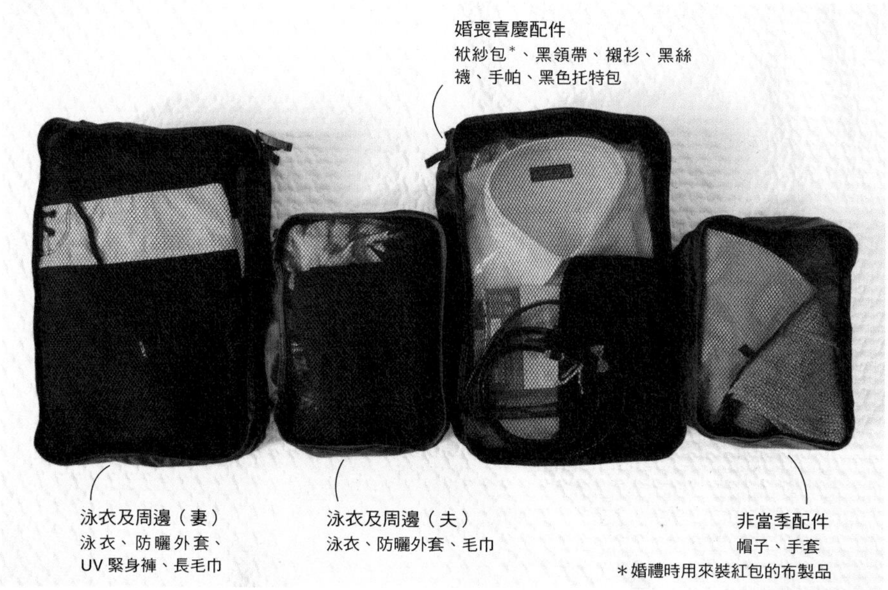

*婚禮時用來裝紅包的布製品

「老公專用」便利吊掛式收納

小型吊掛袋為老公專用，這裡收納的是「不用折疊、直接放進去即可」的東西。以前我們都使用收納箱，但是箱裡總是亂七八糟，有時光是把衣服找出來就很吃力。就算我把衣服摺好放進去，拿出來的時候，也會變得皺巴巴的，摺衣服變得一點意義也沒有。

既然如此，那就改用「不用摺衣服的收納法吧」！於是，我們家開始使用吊掛袋收納。內衣褲就算變皺也沒關係，**使用「放進去就好」的收法，老公也不會有壓力**。為了一眼就知道裡面放了什麼，我用長尾夾做了「襯衫」、「內衣褲」、「襪子」的標籤。長尾夾機動性高，還可以隨意更換標籤內容。

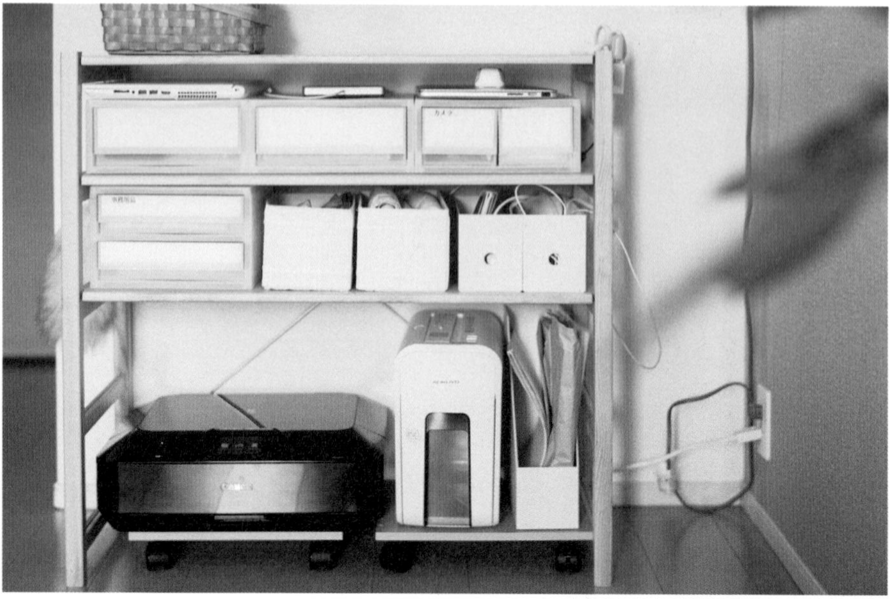

「馬上就能用！」吧檯下方收納術

我都在餐桌處理公事或記帳，因此在後方放置了矮架，用來收納：列表機、碎紙機、文具等。**轉身就能拿到所需物品，用完立刻物歸原位，所以也沒有「等一下還要用，暫時先放在手邊吧」的情況，免了事後還得整理的麻煩。**

還有，列表機和碎紙機放是在輪臺上，以前是收在矮架中，臨時要用碎紙機的時候，很難將紙插進去，而且不把頭往內探的話，就看不到機器裡面的情況，有點不太方便。

於是，我拆掉一層隔板，多出來的空間放置輪臺，只要把機器往前一拉就能使用，操作起來順手多了，掃地也變得更輕鬆。

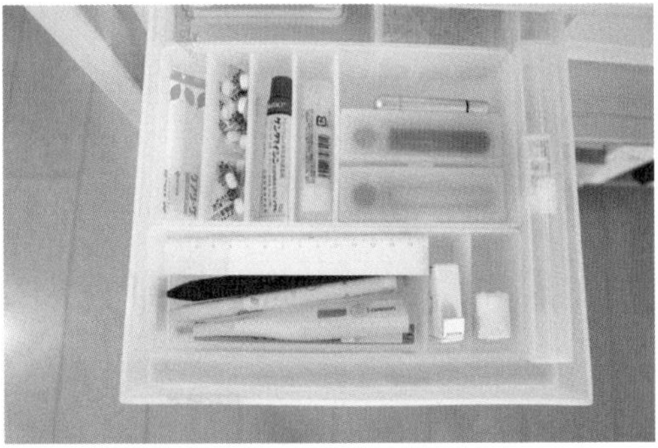

只備最低限度的文具和藥品

筆類的話，我喜歡櫻花牌的 Ballsign，墨水用完可以更換筆芯。我有兩枝原子筆、兩枝麥克筆、三枝鉛筆。還有，基本上我們都是吃醫院開的藥，所以沒有市售的感冒藥，常備藥品只有止痛藥和軟膏。

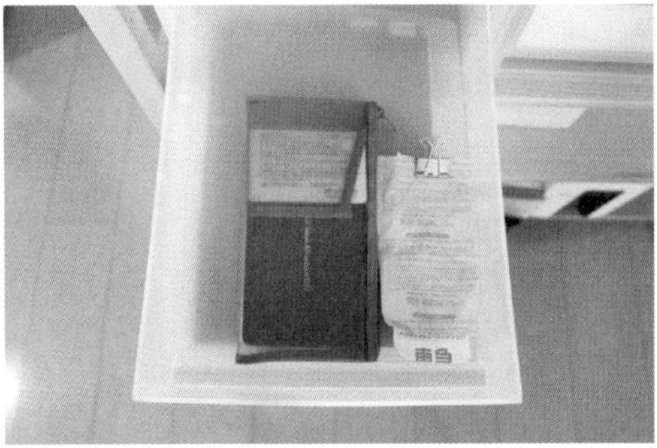

記帳本、發票和存摺

收納記帳本的抽屜，放了記帳文件夾、存摺、發票。發票用夾子夾在一起，週末再統一記錄當週的消費。存摺用尼龍網眼小物袋保管。

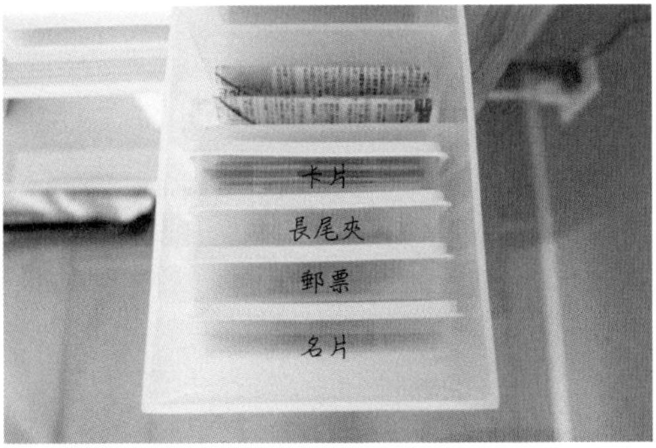

卡片收納盒和傳單小紙盒

我是用無印良品的「PP 卡片收納盒」整理零碎的小物品。「卡片盒」中放的是不會隨身攜帶的 ETC 卡、生協超市會員卡、共享汽車會員卡。還有，心情好的時候，也會用傳單折裝垃圾的小紙盒。

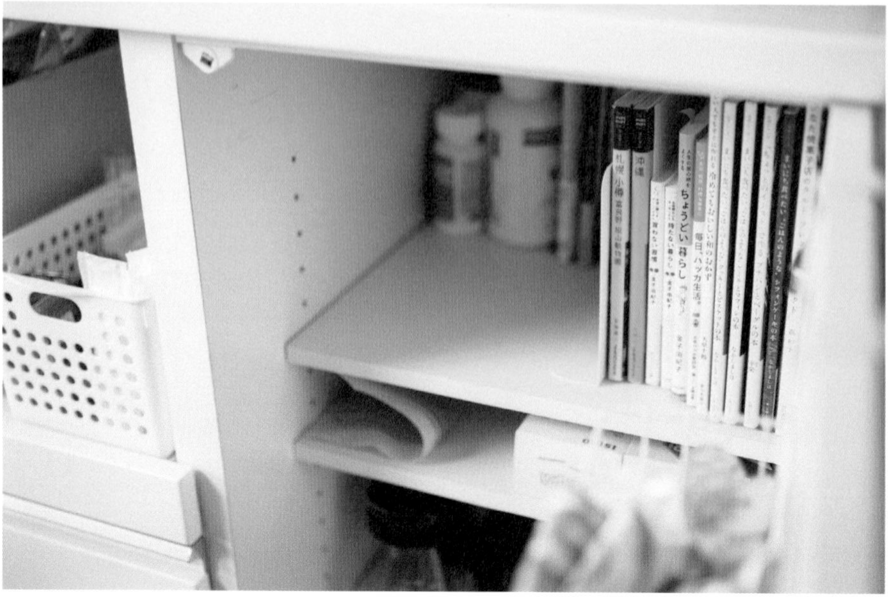

書籍和文件收在廚房餐櫃

廚房，並不是只能用來做菜的地方。擺張椅子，燉菜的時候，就可以在等待空檔翻翻書，或是記帳。所以，我會將書籍或文件類的東西收在餐櫃，用起來超方便的！我們家的廚房正對著餐廳，在餐桌作業時想拿點什麼也很順手，而且家電都集中在起居間，將說明書收在這裡，臨時有問題也可以馬上拿出來確認。

還有，我們家只放這個櫃子放得下的書。若有增加，就捐給圖書館。如果書況良好，還能讓下一個人讀得開心，這種放手的方式也不錯呢。

最近，我大多用電子書閱讀小說，不過觀光指南和證照參考書，還是紙本書讀起來比較輕鬆，所以我會買實體書。資訊一旦過期，就會立刻處理掉，不留下來。

餐櫃全貌

抽屜放的是杯子，還有奶油刀之類不常使用的餐具。常用的筷子、飯勺，則直接放在櫃子上。右邊的玻璃門後側，收納了書本、鍋具、電烤盤、卡式瓦斯爐等。

文件及信封收納

我將文件分成六類，分別是：「說明書」、「信封信紙」、「資格考」、「老公的工作」、「居住環境」、「重要文件」。「居住環境」包含：公寓租賃契約、地區資訊、地圖、防災相關等。「重要文件」則有：稅金、保險、手機契約書、區公所、銀行相關、親友的連絡方式。每到年底，我們就會重新審視納稅、手機和保險契約，將不需要的文件處理掉。

早晨提起幹勁的廚房

一早起床，看到廚房整理得井然有序，真的會讓人幹勁十足。為了讓一天在清爽的心情中展開，前一晚我們收拾完晚餐、將電鍋設定完畢後，我都不忘先將廚房四周整理好、再睡覺。

廚房的檯面最好保持淨空，可以的話，什麼也別放。雖然每天都會用到的烹調器具，還是裸放在作業臺比較省時，不過我討厭空間因此變小，所以只在必要時取出。

吊在流理臺上方的籃架，是放置砧板的地方，用來晾乾紙抹布或家事布也很方便。牛奶盒、調味料空瓶，簡單沖洗一下後也是晾在這裡。我家沒有濾水籃，手洗碗盤的時候，會將布巾墊在餐具下吸水。

此外，我是用塑膠製的薄型砧板。保養起來輕鬆，用漂白劑就能簡單除菌，個人相當喜歡。

流理臺上方的碗櫃

杯子、茶壺以外的餐具，都收在這個吊掛式碗櫃中。洗完晾乾後，直接放進去即可。塞太滿的話，有可能會掉落，所以我會將數量保持在輕鬆收納的狀態。

調味料
收在料理臺的抽屜

平時常用的調味料、中式料理會用到的山椒和花椒，以及咖哩會用到的孜然、芫荽籽等等，統一收在這裡。自行填裝的調味料，就貼上標籤作為區別。牙籤、便當用的配菜杯，也會分區裝在收納盒中。

流理臺下方放置消耗品或備用清潔劑

以前東西放在雙層櫃，還會分門別類收納，分太細反而顯得雜亂，搞不清楚哪樣東西放在哪裡。於是，我只買最低限度的備用品，收納籃也初分為「消耗品」和「洗潔劑」兩種，這樣看上去才一目瞭然。

流理臺下方的右門內側

右邊收納了兩把菜刀和一把麵包刀。百元商店買的料理手套，也是掛在這裡。如果收納在地板下方，做菜中途想用還得空出雙手，掛在門後的話，單手就可取用。

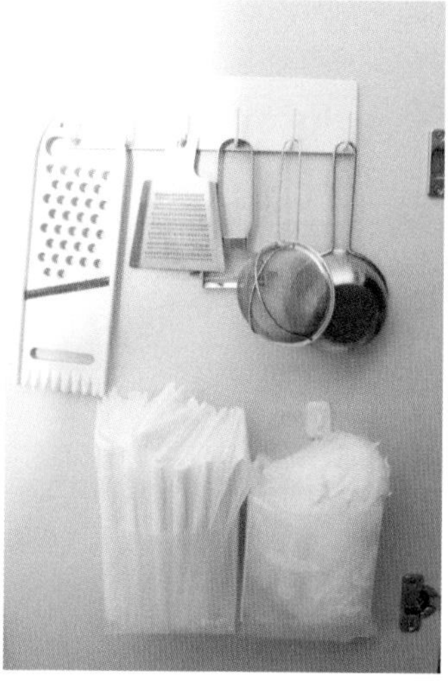

流理臺下方的左門內側

門後貼了掛架，用來掛烹調器具、排水孔濾網、排氣扇罩等。以前煩惱過量杯、削皮刀該放哪裡，後來靠吊掛的方式解決了。排水孔濾網和排氣扇罩的備用品常會用到，所以統一放在塑膠盒掛起來。

料理臺下方放調味料

常溫保存的調味料、庫存（只有麵類、鹽、砂糖）都放在這裡。選在料理臺下方，就能一邊做菜一邊取用，相當方便。調味料底下是烤箱的烤盤，萬一不小心漏出來，清理起來也簡單。收納盒中的庫存採直立收納，以便管理。

瓦斯爐下方放烹調器具

有平底鍋、兩口深鍋、蒸籠。我放了不銹鋼雙層架，增加收納空間。因為都是在瓦斯爐上使用，所以也直接收納在瓦斯爐下方。

瓦斯爐下方的門後

我在門上貼了掛勾，用來吊鍋蓋。因為掛勾不足以承受鍋蓋的重量，所以還貼了在百元店購買的吸盤輔助貼紙。這下再也不用擔心掉落，完美收納了無法站立的鍋蓋。

不再遺忘的冰箱擺置

我是**以「固定食材位置」的方式來管理冰箱**。以前都是隨便放，常會不小心重覆購物，或是從冰箱深處挖出早已過期的食品，錢和食物都白白浪費掉了，因此我的目標是「打造不浪費食材的冰箱」。

想掌握冰箱放了什麼，「分類擺放」就顯得很重要。我們家的冰箱，是按照：日式配料（納豆、漬物、梅子）、西式配料（果醬、奶油）、中式調味料收納盒、甜點調味料收納盒分區。

還有，正中央的兩層，是臨時擺放區。在視線最先觸及的區域，擺放使用循環率高的東西，冰箱整體會有跟著煥然一新的感覺，而且空間多點留白，才更容易掌握全貌。

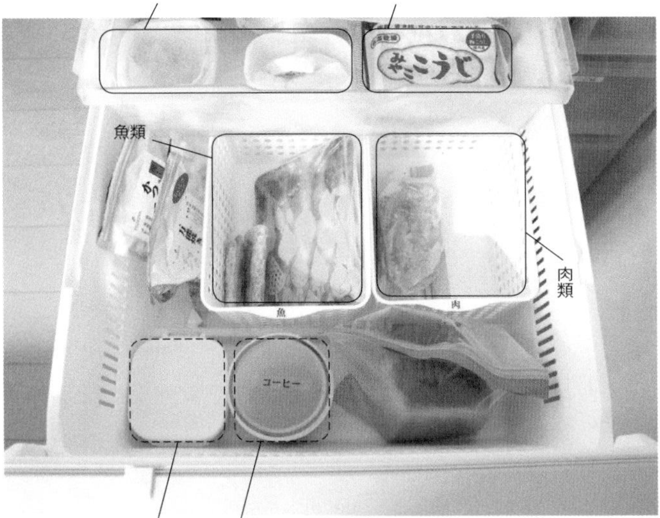

冷凍室

冷凍室分為：小物（奶油、柚子、明太子等）、冷凍食品、魚類、肉類四區。食材統一採購那天，我會將食材分裝成一餐份，如果是雞胸或雞腿，則是單片包裝，豬肉的話，大約分成每包 200 克。

蔬菜室

常備蔬菜（洋蔥、紅蘿蔔、大蒜、薑）及粉類，都放在固定位置，以便管理。至於其他蔬果，放置位置則不一定。高麗菜這種分次吃完的蔬菜，會保存在「保鮮袋」。

用薄荷油自製除臭噴霧

混合薄荷油、無水酒精和純水，裝入噴霧器即可使用。可以幫廁所和鞋子除臭，相當好用。此外，我也會在備用的捲筒衛生紙滴幾滴薄荷油，讓室內飄散著好聞的味道。

打掃廁所的三種必備用具

馬桶刷、酒精噴霧、濕紙巾三種。馬桶刷的刷頭已內含清潔劑，所以無須再買廁所專用清潔劑。

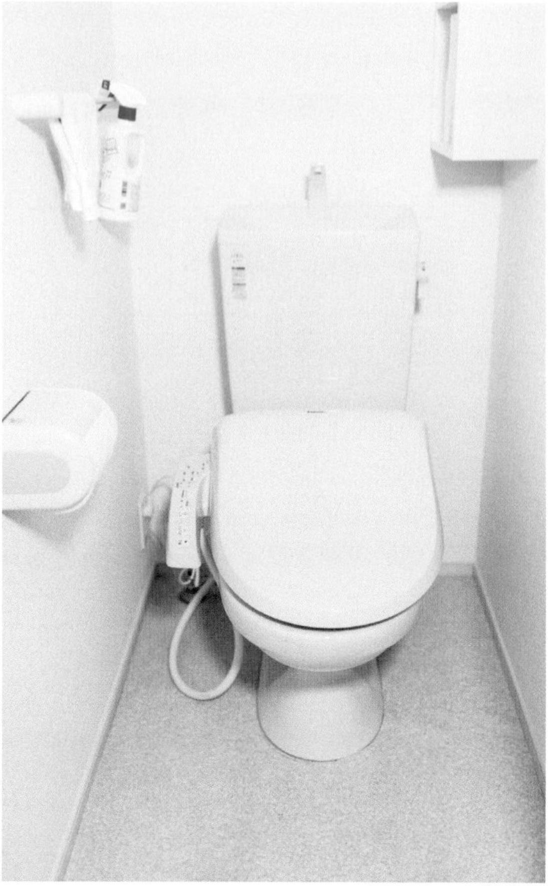

廁所只放必要品

我們家廁所不用馬桶坐墊套，而是維持原本簡單的模樣。廁所的架子也很小，放不了什麼東西。所以捲筒衛生紙選的是三倍加長版，四捲就等於十二捲的分量，不占空間，又能用很久。

星期三和星期六是清潔廁所的日子。星期三是工作日，**我會告訴自己做到「點到為止」就好**。上班前用濕紙巾擦拭馬桶外側和坐墊，內側就用刷子簡單刷一下。

星期六時間比較多，我會用濕紙巾擦拭衛生紙架、水箱、地板、馬桶外側、坐墊，再用刷子清潔馬桶內側。最後噴灑酒精並擦乾，才算完成。

用懸掛的方式收納毛巾

我們家的更衣間光是塞了洗臉臺和洗衣機，差不多就快滿了。雖然也想放個架子，收納浴巾、洗衣精、衛浴用品庫存等物品，可惜並沒有足夠的空間。於是，我想到利用伸縮棒吊掛毛巾。伸縮棒是我自己組裝的，因為和牆壁平行，不用擔心一拉就會掉下來。而**洗衣袋**、**洗衣機集塵盒等**，**懸掛著的話**，**也能保持乾燥**。腳踏墊和浴巾，也都有掛耳，可以吊在伸縮棒上。

我們家的洗衣袋有兩種尺寸，一種是一般衣物用，另一種是可以放毛巾毯的大型洗衣袋。一般衣物的洗衣袋，選的是無印良品的旅行用品。外出旅遊時，就將替換衣物放進洗衣袋直接帶出門，回來時改裝髒衣物，直接丟進洗衣機即可清洗，非常方便。

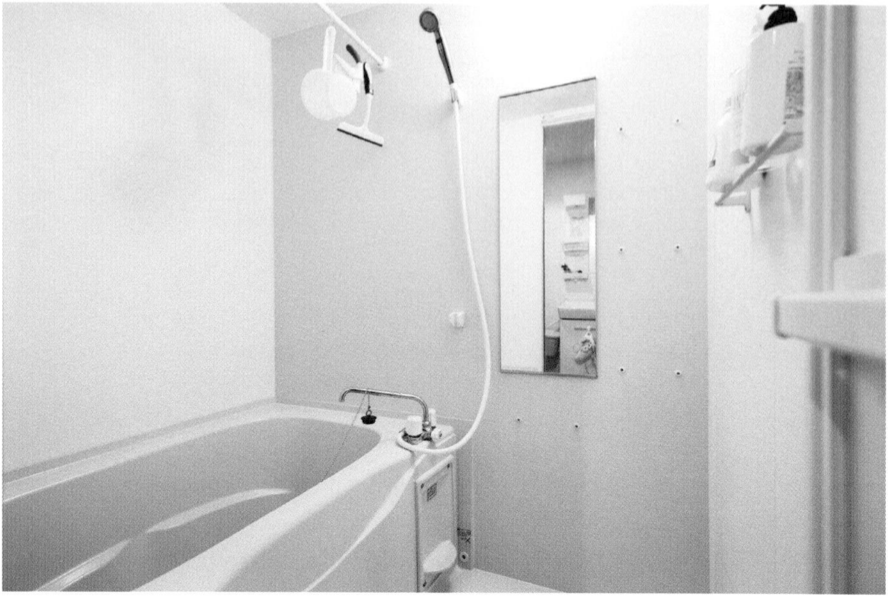

浴室不放易發霉物

我們家浴室既沒有浴缸蓋板，也不用浴室椅。我們平時大多只有沖澡，泡澡的話，也會在熱水放好後，立刻輪流進去洗，所以不用加蓋板保溫。**不用蓋板和椅子的最大原因，在於會發霉**。

自從搬到這棟公寓，就算讓浴室換氣系統全速運作，濕氣還是很重，發霉的問題困擾了我們許久。因此，我們才會釜底抽薪，從根本減少黴菌的溫床著手。此外，只需花點功夫，浴室就不會再黏黏的或發霉了。

還有，我們家也不用沐浴刷或沐浴巾。原本我的皮膚就很脆弱，可能和直接用手洗也有關吧，膚況因此變得非常好。老公也仿效我的做法，他的皮膚也沒有那麼乾燥了。

不用挪出地方放置沐浴巾，感覺好清爽啊。

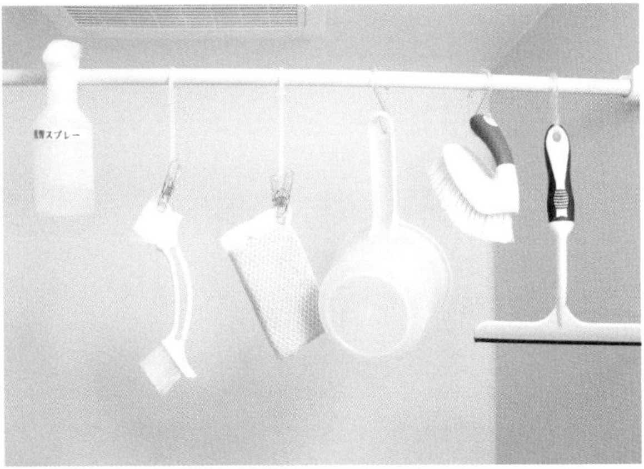

清潔用具掛起來

小蘇打噴霧、刷子、海綿、水瓢、地板刷、刮刀，一律用掛的。剛好面向排風扇的出風口，很快就乾了。

放置洗髮精和洗面乳的地方

沐浴乳、洗髮精、潤絲精放在毛巾架上。洗面乳和卸妝乳吊在拉門旁的牆上，使用的是掛勾貼紙。晚上，我在浴室洗臉，早上在更衣間的洗臉臺洗臉，所以都固定放在這個位置。

拿掉容易發霉的置物架

浴室附屬的置物架，一沖澡就會淋濕，很容易長出粉紅色的霉斑。幸好，稍微抬高置物架就拆掉了，我們選擇不用。

洗臉臺底下放相關備用品

洗衣精是業務容量，牙刷也是一次購足一年份（24 條）。我們用慣的固定品牌，就會一次購足一年份，省得還要常常買。洗髮精、沐浴乳、洗面乳，我們都固定每月某一天補足，所以從來不曾斷貨。

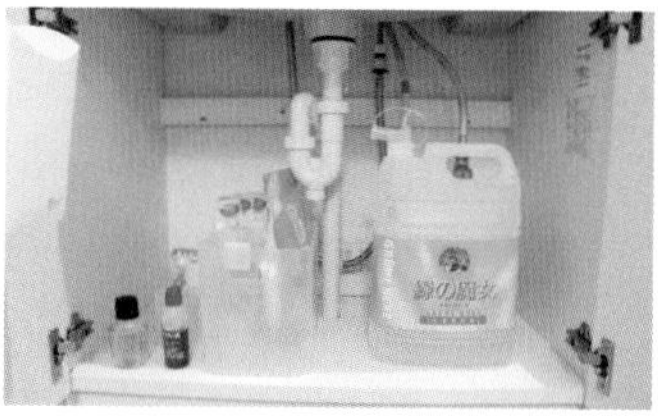

洗臉臺周邊裸放收納術

我們家的洗臉臺是租屋常見的小尺寸，左右兩邊的架子上，放的是馬上可用的東西。因為洗衣機就在旁邊，所以洗衣精和漂白水也是收在這裡。

這個洗臉臺有個缺點，就是無處放置臉盆的橡膠栓塞。直接垂掛的話，一碰到水會變得黏黏的。於是我利用掛勾貼紙，幫它設置了一個地方安放。

每天都會使用的吹風機則是裸掛。我在百元商店買了吹風機保護套，在上面裝了收納電線的「捲線器」。

因為更衣間沒有垃圾桶，所以得常備塑膠袋，用來裝洗臉臺和浴室排水孔的垃圾，以及梳子上的頭髮，之後直接丟進廚房垃圾桶即可。

小玄關收納術

傘架

我在鞋櫃和牆壁間隙放了伸縮桿，用來掛雨傘和腳踏車的打氣桶。因為物品不會碰到地板，掃地時也很輕鬆。

鑰匙收納架

我在網路買了「壁掛架」來掛鑰匙。因為架子有點單調，所以我們會隨季節更換喜歡的插畫，或是自己拍的照片。

咖啡除臭劑

我和老公每天早上都會喝咖啡，將咖啡渣和小蘇打粉混在一起，就是鞋櫃除臭劑的替代品。因為做法簡單，自然就這麼延用下去了。

我們現在住的地方，玄關十分狹小，幾乎沒有收納空間可言。

既沒地方放鑰匙，也沒地方放傘，剛入住時真的很傷腦筋。此時，我找到了不會傷及牆壁的收納方法，嘗試之後，成功將小玄關改造成靈活運用的空間。

之後，我們又費了一點心思。現在下班回到家，一踏入玄關，就會有放鬆感。只要掌握小訣竅，小玄關也能大變身。

只收愉悅的回憶 BOX

儘管「簡單生活」是我們的目標，但是我們認為沒必要強迫自己連回憶都放手。

於是，我想到「回憶 BOX」這個好法子。但是，數量太多的話，也無處安置，因此必須嚴格挑選，才能收進這個箱子裡。

回憶 BOX 收納的必須是「愉快的回憶」，印象不深或悲傷的回憶，一律不留。理想的狀態是，**一打開回憶 BOX，立刻能就沉浸在興奮期待與無限懷念的情緒之中**。

例如，我們兩人的回憶 BOX 有：兩人的情書、出遊紀念照，以及婚禮出場照片、我們很喜歡的卡通玩偶。時至今日，老公還保留著學生時代喜歡過的藝人 CD 呢。

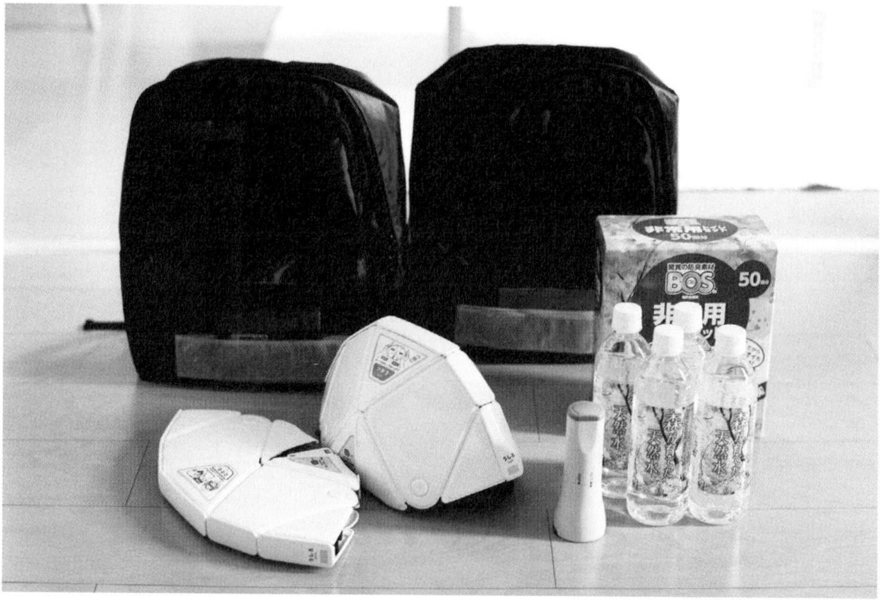

有備無患急救品

在東京的公寓經歷過日本三一一大地震後，我們深感急難用品之必要，因此也開始跟進。我們家的急難用品放在玄關的鞋櫃裡，有：求生背包（裡面裝了兩人份用品）、安全帽、手電筒。我們準備的急難用品，幾乎都能在百元商店買到。

求生背包裡放的是緊急避難時會用到的東西：手電筒、500ml瓶裝水、零錢、身分證影本、親屬的聯絡方式、智慧手機的電池充電器、鋁箔保暖毯、小型收音機。此外，我在衣櫥屯了兩天份的飲用水，以及簡易馬桶。

至於緊急糧食，我採用的是「Rolling Stock」法，也就是在日常生活中重複吃完→補充的過程，一直循環備糧，食物才不至於放到過期。而卡式瓦斯爐平時就會用到，因此只需注意瓦斯罐的庫存量即可。

【規劃常達數十年的人生計畫表】

我會將今後預定的育兒花費、長期旅遊等大筆支出，粗略估算後寫在人生計畫表上。儘管我們也很享受目前的生活，不過為了消除對未來的不安，心裡先有個底的話，比較容易臨機應變。因為等於是替未來幾年做安排，所以每年都必須重新審視一次。我們是在婚後聽了保險業務員的建議，才知道有這種計畫表。業務員讓當時還很年輕的我們，明白了具體規劃人生的重要性。「原來生養小孩這麼花錢！」、「原來老了也需要錢！」人一生所需的花費，高到令我們咋舌。從那以後，我們開始慢慢修正自己的金錢觀。雖然沒必要完全按表操課，不過**大致瞭解所需數目，就能在日常生活中往那個方向靠近**，在此推薦給大家。

今後的人生計畫所需費用

年	家人年紀					人生計畫	費用
	丈夫	妻子	小孩				
2018		28				父親的 60 大壽之旅	20 萬日元
2019		29				結婚紀念日之旅	50 萬日元
2020		30	0			生產・育兒	80 萬日元
2021		31	1			幼稚園・回歸職場	120 萬日元（6 年）
2022		32	2				
2023		33	3				
2024		34	4				
2025		35	5				
2026		36	6			國外旅遊	50 萬日元
2027		37	7			小學入學	190 萬日元（6 年）
2028		38	8				
2029		39	9				
2030		40	10			國外旅遊	60 萬日元
2031		41	11			購屋	3000 萬日元
2032		42	12			小學畢業	
2033		43	13			國中入學	120 萬日元（3 年）
2034		44	14				
2035		45	15			國中畢業	
2036		46	16			高中入學	130 萬日元（3 年）
2037		47	17				

提案五

兩人時尚：嚴選物品。

每一季重新審視手邊衣物

我們會在換季之際，重新審視手邊的衣物。將全部的衣服一件件攤在地上，想像著：「這一季想穿什麼衣服？」、「哪件和哪件做搭配？」、「該補買什麼單品？」

如果有上衣找不到適合的下半身，我就會處理掉那件難搭的上衣，而不是專門為了它添購新衣。以前，我只要看到一見鍾情的衣服就會立刻買下，現在則會先考慮，是否適合搭配現有的衣物。

去年還很喜歡的衣服，現在卻沒什麼感覺了，這時我就會上網路二手平臺賣掉。雖然衣服愈貴愈不容易放手，不過勉強穿了，也只會覺得渾身不對勁，讓人冷靜不下來。卡關的時候，我就會找妹妹商量，用LINE傳照片給她，詢問：「這套穿搭如何？」、「這件衣服該不該買……」諸如此類的。因為就算我問老公，他也只會回答：「不錯啊？」還是妹妹比較能給出有效建議。

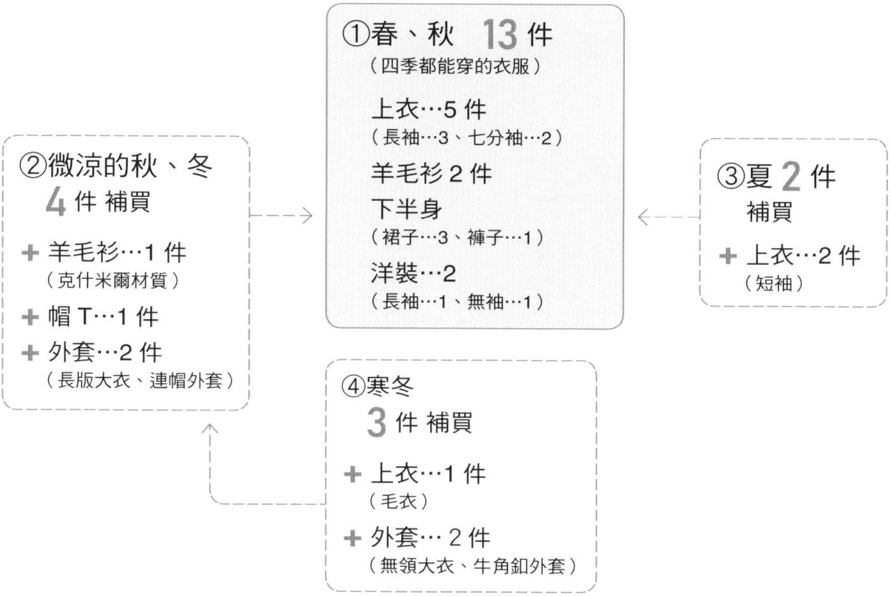

知道自己的衣服件數

以前我有很多衣服，但是穿來穿去都是那幾件，甚至還覺得衣服不夠穿。直到我讀了《法國人只需十件衣》這本書，觀念才整個翻轉。首先，就從知道「自己需要幾件衣服」開始。

第一步，將一年分為四季。

①春、秋季；②微涼的秋、季冬；③夏季；④寒冬。

接著，從①春、秋季中，搭配出一週穿搭，算出自己必要的件數。我的話是：上衣五件、下半身四件、洋裝兩件、兩件微涼穿的羊毛衫，有了這些便足以應付。單純計算下來，一共可變化出二十二套穿搭，之後只要重複穿搭即可。春、秋季的服飾全年適用，再加上幾件單品，就可以涵蓋所有的季節。

一開始，我們會擔心這樣真的可行嗎？沒想到實踐起來比想像中還愜意。雖然，我們的衣服件數已經很少，還是會出現「常穿」與「不常穿」的差別，久了之後，自然就會知道什麼單品最適合自己。

好搭單品買兩色

買衣服的時候鎖定基本色：深藍、卡其、灰色，這樣就可以任意混搭而不覺得突兀。還有，遇到喜歡的剪裁，有時我們也會包色。下半身或羊毛衫只要各買兩色，就能組合出無限搭配。

找出適合自己的顏色

做個人色彩診斷，找出適合、不適合自己的顏色。我是「夏天型」，今年秋天便添購了和我很合的深綠色罩衫。

穿搭簡單化，節省每早選衣時間

我在買衣服的時候，很重視是否「百搭」。儘管如此，我們一開始時，並不知道該從哪裡下手，只能在錯誤中學習。某次，**我試著從「顏色」出發，**總算掌握到了訣竅。

另一個重點是「洗標」。我會選擇「不用乾洗的衣物」，原因是標示乾洗的衣服必須送洗衣店，就算在家裡洗，也得和其他衣物分開處理。如此一來，棉麻材質的衣服自然就增加了。不過，這類衣服很舒適，更重要的是耐穿，是我最喜愛的日常衣物。

依質感選襪子，而非 CP 值

襪子和絲襪，我都在愛牌 FALKE 購入。

這牌子的襪子配合足部形狀，採左右不對稱設計，為了避免穿錯，襪尖還繡了「R」和「L」。耐穿、顏色選擇多，拿來當做穿搭重點，感覺也很可愛。

以前我總認為襪子是消耗品，只肯買三雙一千日元的便宜貨，從未考慮過舒適或滿足感的問題。

不過，某次買了好一點的運動鞋，驚訝於好品質帶來的舒適感之後，我便開始思索，是否也有配合足部設計的襪子，搜尋的結果，便找到了 FALKE。

然而，單價這麼高，買的時候還真的會猶豫。我試著買來穿之後，就發現沒有襪子特有的悶濕感，脫掉後也不會出現勒痕。我終於遇到了能讓自己有自信、想買來穿的單品。

我和老公都喜歡戶外運動品牌

我們並不會從事登山或露營活動，戶外運動品牌的衣服，是買來當作日常衣物在穿。

這件 The North Face 的登山帽T，拿來搭配裙子或寬褲也適合，我相當喜歡。就算折得小小的，也不擔心變皺，加上還防水，旅行的時候也很好用。

老公較常買 mont bell 這個牌子，除了登山裝，也會買日常系列的服裝。老公買衣服的時候，我大多會跟著，mont bell 的T恤有許多怪奇的插圖，夫妻一起挑選，真的很有趣。老公沒有厚大衣，在 mont bell 的外套裡多穿幾件內搭，就能撐過冬天，可見它有多防寒。

符合戶外運動品牌風格的背包、運動鞋、涼鞋等，我和老公都一應俱全。儘管我們對情侶裝有所抗拒，偶爾在旅行時配合彼此的穿搭，在享受觀光的同時，還會有一種特別感呢。

想要一直穿的時尚單品

日常穿的T恤，我們重視的是CP值，所以會盡量常穿。不過，我也有想要細水長流、好好珍藏的衣物。

五年前，購入的ORCIVAL帽T，就是其一。儘管已經洗過很多次，都沒有變形，是很優秀的單品。

MHL的襯衫，布料帶有光澤，可正式可休閒，無論正式或非正式場合都適合。

長洋裝直接當洋裝穿就很好看了。釦子全打開，還可以變外套。襯衫，加上牛仔褲的簡單穿搭，僅是外搭一件長洋裝，立刻就變時尚。帶點涼意的春秋季，是最難穿衣服的兩個季節，此時也是請出這件洋裝的最佳時機。圓點洋裝是亞麻材質，盛夏穿非常舒適。雖然是圓點花紋，不過設計得十分優雅，深得我心。

挑選這類衣物，**我的基準是不會過時的設計、高品質，以及能穿去上班的風格**。我工作的地方，對衣著沒有嚴格規定，因此我特別偏愛正式、非正式場合都通用、半休閒、半正式的感覺。

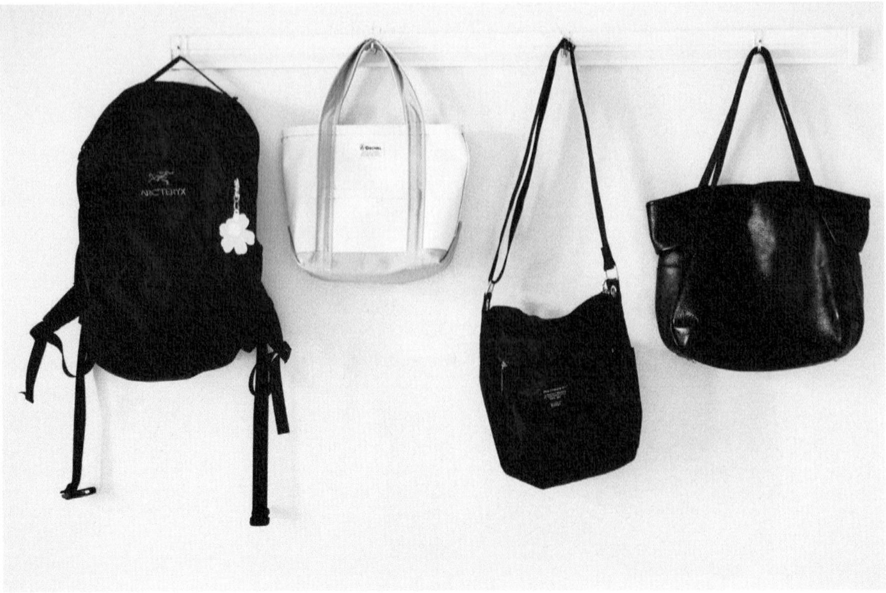

我只有四個包包

我有四個包包。我會考慮各種使用場合，將很少用到的淘汰掉。仔細想一想，婚喪喜慶用的包包，一年只會用幾次，因此我選擇在必要的時候，用租的。Ense的托特包可以裝A4文件，是我好不容易才發現的理想通勤包。可愛的包型和提把，都能讓人感受到製作者的用心。這款包使用的是成牛皮革，我很期待將來能養出自己的味道。

外出旅行的時候，我會使用行李箱和Marimekko的肩背包。假日只有出門一下，則用小提包。這款包沒有多餘的分隔，可以將通勤包的袋中袋直接放進去使用。

Arc'teryx的肩背包，是兩天一夜之旅、騎腳踏車採購食材時的必需品。儘管容量巨大，不過女性背起來仍有股帥氣感，我相當喜歡。

若能**明確區分使用場合，漸漸地就能算出自己需要幾個包包**。

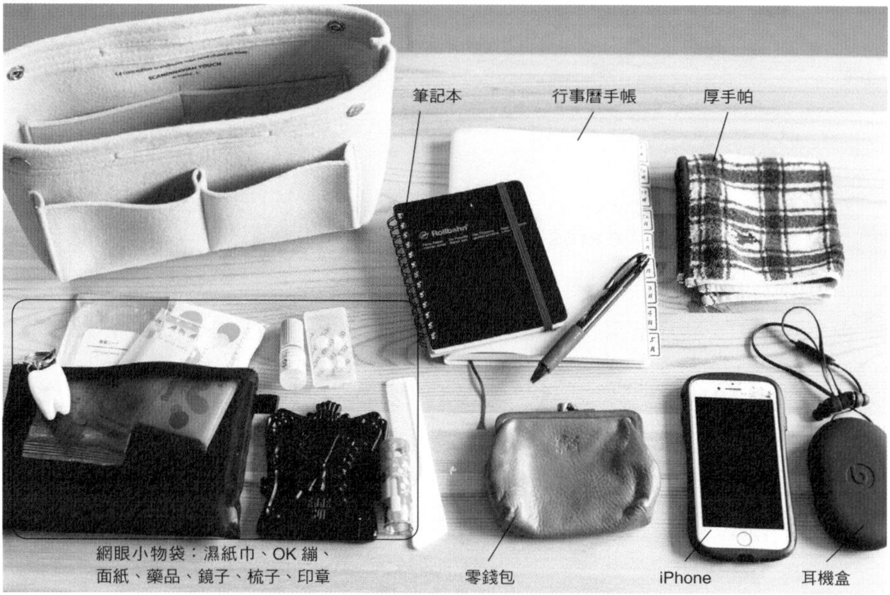

袋中袋讓通勤包不雜亂

我都用「袋中袋」整理通勤包，讓包裡的內容物變得井井有條。

我的配件大多是黑色，所以袋中袋選了明亮的卡其色，想找什麼，立刻就能找到。口袋太多的話，反而不知道東西收在哪裡，這個袋中袋，構造簡單，配置一目了然。加上附有提把，取出、放入都方便。假日換用其他包包時，將袋中袋取出、放進去，就能直接使用。

我在使用袋中袋之前，包包內裡常是混亂不堪。就算早上確實整理過，用著用著就亂了，掏了半天，也掏不到需要立刻取出的悠遊卡、錢包等，也是小有壓力……袋中袋能幫助小東西各自為政，一打開，想找什麼立刻有。

酒粕面膜保養白嫩肌膚

老公愛喝酒粕，所以我們家常備有冷凍酒粕。最近我很熱衷於拿酒粕敷臉。

我會開始使用「酒粕面膜」，是熟識的和果子店員推薦的。她的皮膚非常好，我問她美肌的祕訣，得到的答案是：「酒粕面膜。」之後我就一直念念不忘。

製作方法相當簡單，將酒粕和純水攪拌均勻就完成了。大約是不會滴下來的濃稠程度，敷四到五分鐘後，沖洗乾淨即可。

我每週會敷一～兩次，持續使用一段時間，明顯感覺膚色亮白了一階。雖然我的膚質很適合酒粕，不過也有人不適合，使用前請務必先塗一點在皮膚小面積測試看看。

面膜調製完成後，以玻璃容器保存，須冷藏。一次製作的分量約莫是兩週用完。

重視善待自己的時間

每天我都在思索怎樣才能快速做完家事，而多出來的時間，我想用在自己或家人身上。包括：美容保養，我認為**花時間在自己身上也是很重要的**。

因為我和老公常在同一時間使用洗臉臺，後來我就改到餐桌化妝或保養。就結果而言，晚上反而更能從容地保養皮膚。

心情好的時候，我會用微波爐加熱濕毛巾敷臉，等蒸氣打開毛孔後，再塗上化妝水。因為我是乾肌，夜間保養我會在乳液混 John Masters Organics 的精油，多花一道功夫。

此外，我在網路上發現了添加「維他命C誘導體」的自製化妝水。雖然加了美白淡斑的有效成分，價格卻很實惠，每天大量使用也不會心疼。

將一日最後的時光花在自己身上，真的會令人身心舒暢呢。

享受每天養皮革帶來的驚喜

我很喜歡細心養皮革的過程。我擁有的皮革製品是通勤包，以及兩個錢包。

IL BISONTE 的口金包，原本是色澤明亮的植鞣皮，用久了顏色就會變深。植鞣皮會直接反應出使用的痕跡，很有趣。

黑色小錢包的牌子是 m+。一開始，又薄又軟的山羊皮讓我用起來膽戰心驚，不過現在已經完全愛上那種服貼的手感。儘管顏色沒什麼變化，不過愈用愈有光澤，愈看愈帥氣呢。m+ 是家用錢包，老公使用的機率也很高。男女通用的簡約設計，也是它的魅力之一。

另外，假日有空時，我也會和老公一起保養皮革。用軟布沾點皮革油輕輕擦拭，再放置三十分鐘乾燥。一道功夫就能讓皮革維持美麗的狀態，很適合心情好的時候進行。

【 大家都能做到的記帳方式 】

我試過 APP 記帳，也用過市售記帳本，然而都無法持久，後來乾脆用 Excel 自己設計，一頁就是一個月份的支出，還能按照我們家的需求製作每項欄目，夫妻共享資訊也很方便，我很是喜歡。我會用列表機印出表格，再以手寫的方式記帳。帳本基本上都是我在管理，不過我也會要求老公自行記錄他買的東西。

記錄方式

1. 「收入」是去掉尾數後的薪水。「臨時」是獎金或雙親的援助。
2. 「固定費用、變動費」是支出，「家飾」是收納小物、雜貨、每週的鮮花等。我很喜歡百元店和無印良品，常會在這一塊花太多錢，於是設了欄目提醒自己。「其他」是送給朋友的禮物、郵資等。
3. 「年間支出」和每個月生活費不一樣，是以通年的預算在管理。這裡記的是當月花費的金額。

4. 右上的小月曆記載的是交通費。例如：汽車共享、油錢、Suica 卡儲值等。
5. 右側的五欄，每一欄為一週，記載週單位的支出。不寫明細，只記錄店名和金額，以顏色區分不同類別。

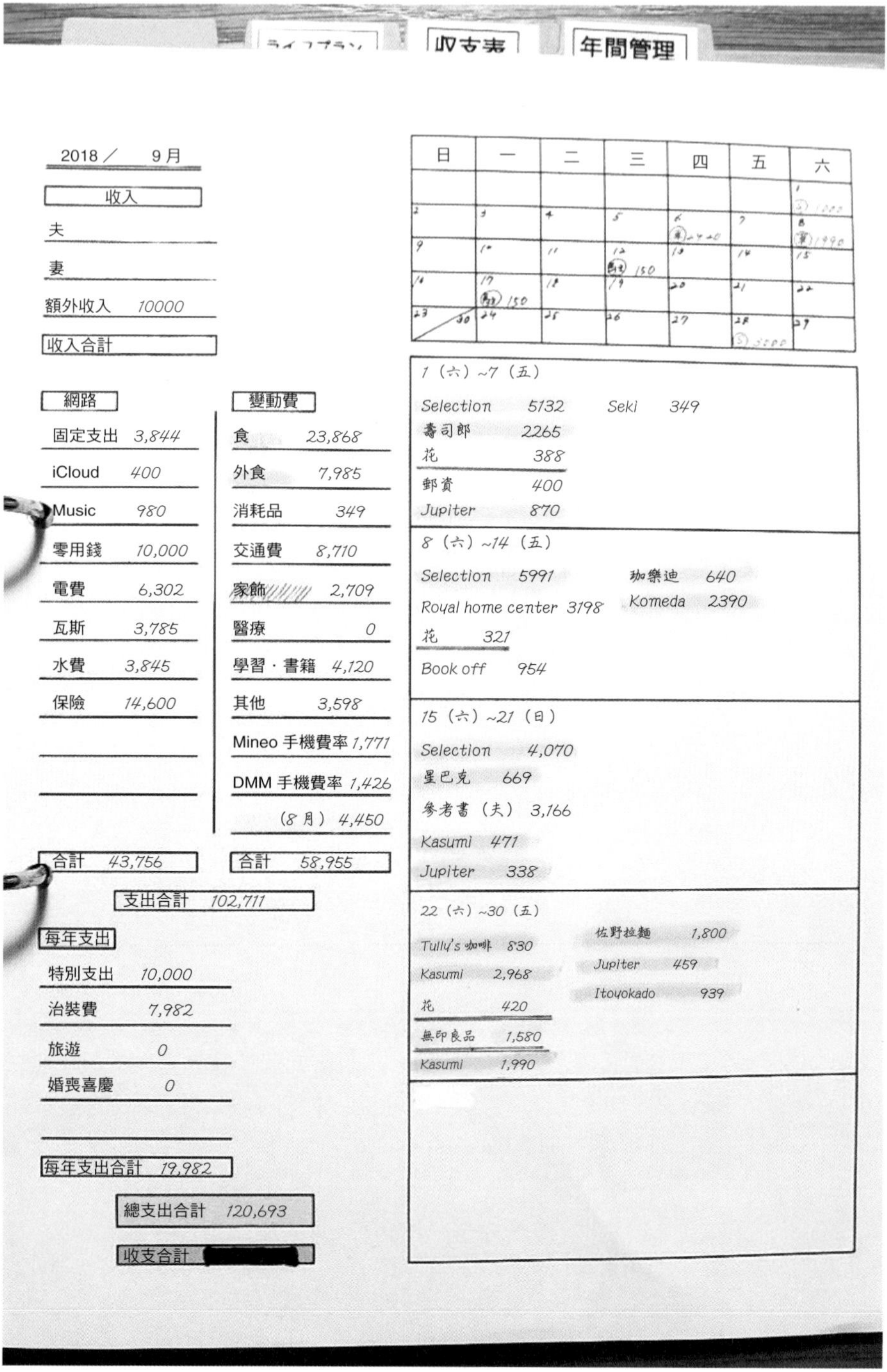

ライフプラン　收支表　年間管理

2018／　9月

收入	
夫	
妻	
額外收入	10000
收入合計	

網路	
固定支出	3,844
iCloud	400
Music	980
零用錢	10,000
電費	6,302
瓦斯	3,785
水費	3,845
保險	14,600
合計	43,756

變動費	
食	23,868
外食	7,985
消耗品	349
交通費	8,710
家飾	2,709
醫療	0
學習・書籍	4,120
其他	3,598
Mineo 手機費率	1,771
DMM 手機費率	1,426
（8月）	4,450
合計	58,955

支出合計　102,711

每年支出	
特別支出	10,000
治裝費	7,982
旅遊	0
婚喪喜慶	0
每年支出合計	19,982

總支出合計　120,693

收支合計　[redacted]

日	一	二	三	四	五	六
						1 [illegible] 1000
2	3	4	5	6 [illegible] 2420	7	8 [illegible] 1990
9	10	11	12 [illegible] 150	13	14	15
16	17 [illegible] 150	18	19	20	21	22
23／30	24	25	26	27	28 [illegible] 3000	29

1（六）~7（五）

Selection　5132　Seki　349

壽司郎　2265

花　388

郵資　400

Jupiter　870

8（六）~14（五）

Selection　5991　珈樂迪　640

Royal home center　3198　Komeda　2390

花　321

Book off　954

15（六）~21（日）

Selection　4,070

星巴克　669

參考書（夫）　3,166

Kasumi　471

Jupiter　338

22（六）~30（五）

Tully's 咖啡　830　佐野拉麵　1,800

Kasumi　2,968　Jupiter　459

花　420　Itoyokado　939

無印良品　1,580

Kasumi　1,990

提案六

兩人生活的小幸福提案。

身心排毒的瑜伽

我曾因為搬家之際碰上換工作，因為身體跟不上環境的變化，出現了失眠問題。然後水腫也變得更嚴重了，擔心到得去找朋友商量。

那時，朋友推薦我的便是「瑜伽」。據說瑜伽的呼吸方式，能讓身心放鬆下來，達到舒緩的效果。

儘管半信半疑，總之我照著網路上的影片，試著練了一週。一開始，身體很僵硬，同個姿勢無法維持太久，堅持一段時間後，不但心情變輕鬆了，失眠問題也漸漸改善了。我不擅長做激烈運動，不過似乎很適合仔細做好每個動作的瑜伽。每當做完後，身體獲得紓緩的感覺，真的很棒。

之後，我購入了瑜伽墊、瑜伽球。坐辦公桌的人容易駝背，所以我會利用瑜伽球伸展背脊，或是鬆緩肩胛骨四周。

就寢前，我會靠著臥室的牆壁，持續張開雙腿幾分鐘，或是做出「蝴蝶式」的姿勢。不能做瑜伽或按摩的時候，唯獨這個動作必定執行！

我與相機

五年前，「拍照」開始成為我的愛好之一。我會將每日的生活點滴，以及旅行的回憶，盡數收入在單眼相機裡。

自從看了同事的旅行照片，我便對相機產生興趣。同事用單眼拍攝的照片相當美麗，甚至能吸引我想去該地一遊。

從那以後，我便持續對老公灌輸單眼的優點，老公不敵過我的熱情，便陪我一起去選購了。

我們買的是 Canon 的 EOS 70D。會選這臺，是因為搭載了當時還很稀有的 Wifi 功能，液晶畫面是觸控面板，對焦容易，而且有旋轉鏡頭，方便從低角度拍照。不過主要還是因為價格我們也負擔得起。

每天在 Instagram 發的照片，幾乎都是用單眼相機拍攝的。照片拍好後，透過 Wifi 立刻就能傳到手機，與他人共享也很方便。

我家咖啡

我們夫妻都很喜歡上咖啡店，對哪家店有興趣就會去嘗試。尤其是有濃厚懷舊風格的喫茶店，古早味拿坡里義大利麵更是我們的必點菜色。早上是我們最常去的時段，比平時稍微早起，帶著喜歡的書，慵懶度過一日之晨，真有一股說不出的幸福。

話雖如此，因為預算和時間限制，我也會花點心思，讓自己在做家事的空檔，享受咖啡店的時光。像是多花點功夫調製飲料，或是用盤子裝盛超市買來的甜點。我們的訣竅是使用大一點的器皿，製造大量留白。光是這樣，就能帶來高級感。

自製糖漿和梅酒

調製沙瓦的糖漿，去年用的是萊姆，今年則嘗試了鳳梨。此外，我們家每兩年會醃一次梅子。看是製作梅子果凍，或是用來調製沙瓦，都非常好用。

雙層咖啡歐雷

【材料】
鮮奶和咖啡

①先在杯內注入鮮奶

②倒入冰塊

③沿著冰塊注入咖啡就完成了

沙瓦飲品

【材料】
鳳梨…200 克（也可用喜歡的水果，如李子、蘋果等）
冰糖…200 克
醋…200 克

①在瓶內依次裝入冰糖和水果，再從上方淋醋

②每天攪拌一次，放置常溫的環境三天左右

③兌入水或氣泡水就完成了（冷藏可保存 2~3 週）

水果茶

【材料】
喜歡的水果…適量
砂糖…適量
紅茶包…1 個

①將茶包放進茶壺，注入熱水悶 2~3 分鐘

②加入砂糖和水果繼續悶 3 分鐘就完成了

自製薑汁汽水

【材料】
水…200cc
砂糖…100 克
薑…100 克
☆蜂蜜…1 大匙
☆檸檬汁…1 大匙

①薑連皮切成薄片

②將☆以外的材料放進鍋中加熱，沸騰後再煮 20 分鐘

③加入☆，再度沸騰就完成了

肉桂棒…1 根
朝天椒…1 條
丁香…3~5 顆
整粒胡椒…3~5 顆

加點香料，味道更正統！

軟呼呼鬆餅

【材料】
雞蛋…2 顆（蛋黃和蛋白分開，放入不同的容器中）
糖粉…20 克
麵粉…30 克
泡打粉…1/2 小匙
鮮奶…20 克

①將裝有蛋白的容器放進冰凍庫

②在蛋黃加入鮮奶、篩過的麵粉、泡打粉，攪拌均勻（容器 1）

③蛋白冷卻後分次加入糖粉，打成蛋白霜（容器 2）

④將（容器 1）倒入（容器 2），略微攪拌，不用完全拌勻也沒關係

⑤在塗了油的電烤盤堆疊④，重疊兩次製造高度

⑥電烤盤加入半大匙熱水，蓋上蓋子悶煎，變色後翻面，再度加入熱水，煎成金黃色就完成了

厚燒鬆餅

【材料】
空的牛奶盒
☆鬆餅粉…150 克 1 袋
☆鮮奶和雞蛋…依照鬆餅粉包裝標示的分量

①將洗淨的牛奶盒剪成 4 個 4 公分寬的方模

②在牛奶盒內側塗奶油

③電烤盤設定為中火，將方模整齊排好，倒入麵糊（混合☆）

③以小火煎 15~20 分鐘

④翻面後繼續以小火煎 15~20 分鐘

⑤煎好後，用剪刀剪開方模，移掉模子就完成了

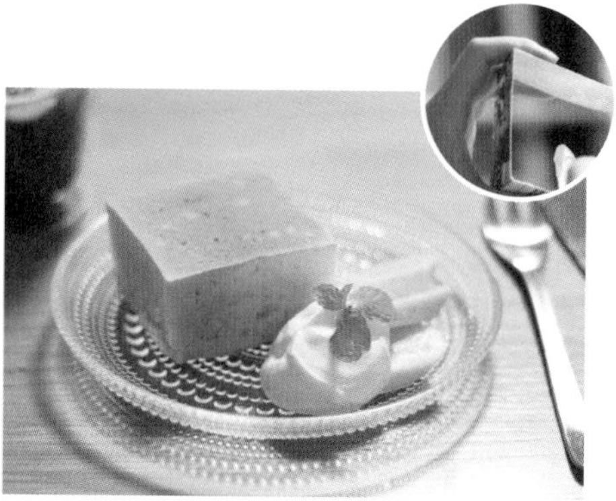

老公也吃得開心，自家製簡單美味甜點

我是在婚後才開始學習製作甜點。起初是為了討螞蟻人老公的歡心，後來自己也漸漸愛上做甜點的樂趣，如今已成為我的放鬆方式。

一開始，我大多做經典甜點。例如：餅乾或瑪芬蛋糕。現在則以材料容易入手的簡單點心為主，種類也是千變萬化。自己做，就能調整砂糖用量，多少有益健康。

假日製作點心時，常會因為老公一句：「加這個好像很好吃吔。」而改變食材或調味，最後做出完全不同於最初想像的東西……不過，這也是自製甜點的樂趣。

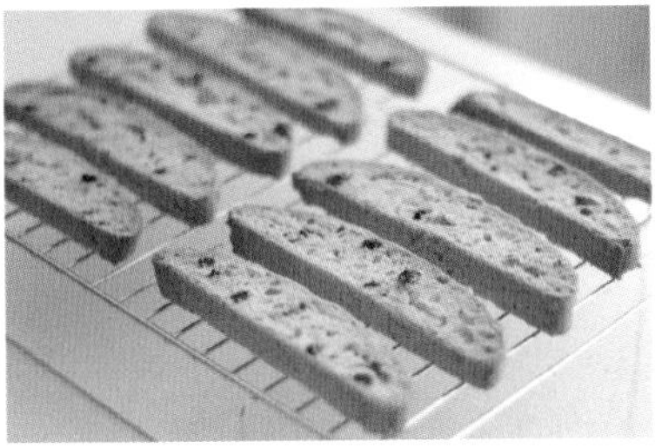

義式杏仁餅乾

【材料】
低筋麵粉…100 克
泡打粉…1/4 小匙
砂糖…40 克
雞蛋…1 顆
香草精…數滴
菜籽油…1 大匙
堅果…50 克

①將雞蛋、砂糖、菜籽油放入容器內，打至發泡

②在①篩入麵粉，用橡皮刮刀以拌切方式攪拌均勻

③在還有粉末的狀態下加入堅果，略攪拌至粉末均勻

④在烘焙紙倒入③，雙手沾水，將麵糰整成厚 1cm、長 10cm× 寬 20cm 的大小

④將烘焙紙放在烤盤上，180 度烤 15 分鐘

⑤烤好後，取出切成 1.5cm 寬

⑥切面朝上，再度放進烤盤，150 度烤 25~30 分鐘

⑦烤好後放涼，就完成了

卡士達布丁

【材料】
雞蛋…4 顆
鮮奶…500cc
砂糖…70 克
香草精…少許
☆砂糖…70 克
☆水…3 大匙

①製做卡士達醬：

- 在鍋內放入☆的材料，加熱至焦黃
- 顏色變焦後加入 1 大匙熱水
- 將焦糖均等注入布丁杯

②將鮮奶和砂糖放入容器中，用微波爐略加熱

③將全蛋打成蛋液，篩進容器中

④滴數滴香草精，將布丁液倒入布丁杯

⑥在烤盤倒入熱水，160 度烤 25~30 分鐘

⑦凝固後，將布丁從杯子取出，淋上焦糖就完成了

草莓蛋奶凍

【材料】
草莓…200 克
優格…250 克
砂糖…45 克
明膠…5 克
熱水…2 大匙

①將草莓、優格、砂糖放進調理機攪拌均勻

②用熱水溶化明膠，一點一點倒入①混合

③將液體倒入模型中，冷卻凝固後就完成了

主客無負擔的招待術

我們家每年都會有幾次訪客，**我的待客原則是：「不給客人造成負擔。」**儘管下意識就想準備豪華大餐，換做自己是客人的話，這麼做反而會讓人難以承受。因此，我大多招待超市買的點心，說是聚餐，其實也就是買一些可以大家抓著吃的熟食，或是利用電烤盤，做些簡單菜色。

因為我們家的餐廳只有兩張椅子，此時就會請出折疊式矮桌應對。我們家也沒有日式坐墊，所以會在地毯下鋪瑜伽墊，避免客人坐到屁股痛。瑜伽墊的厚度適中，就算沒有坐墊，也很舒適。

紙製訪客用餐具

我們家只有兩組餐具，因此「WA-SARA 免洗餐具」就成了招待客人的最愛。材質取自竹子和甘蔗的纖維，不但不會破壞環境，而且設計得很有美感，每次都會被客人稱讚：「哪個牌子的？好時髦喔！」

兩人生活特有的假日

假日我們總會起得比平常晚，吃完早餐後，再一起討論接下來的計畫。

禮拜六，我們會同心協力進行平日沒辦法做的家事，或是外出採購七天份的食材。搶在禮拜六做完家事和打掃，都是為了讓禮拜天有時間花費在自己身上。傍晚五點前就洗完澡、吃完晚飯，晚上就能悠閒度過。可以欣賞亞馬遜prime影片，或是看看書，打打電動。假日才有的過法，真的會讓人覺得既奢侈又期待。

禮拜天晚上我必須準備帶便當的常備菜。其實很簡單，就只是燙燙蔬菜或雞蛋而已。光是做好這項，心境上就會覺得寬裕許多，能夠爽快地迎接緊接來而的工作日。

我和老公並非總是一起度過假日。有時他想唱卡拉OK，我想去按摩，**如果想做的事情不一樣，這種時候就會分開行動。**平時我們並不會出遠門，而是在住家近處閒晃。因為每年我們都會安排幾次旅行，這樣的樂趣就留到那時，再一起享用。

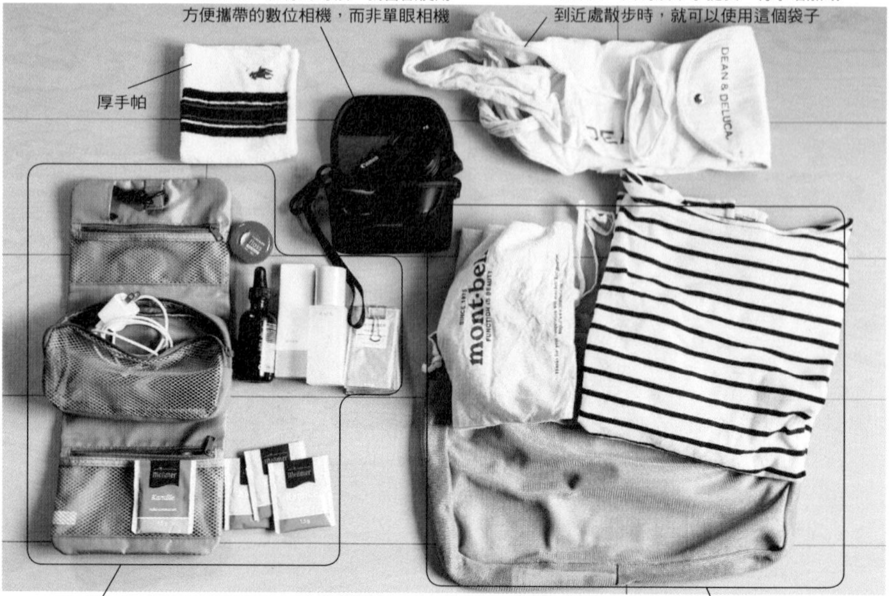
數位相機…旅行的時候，我喜歡使用方便攜帶的數位相機，而非單眼相機
環保袋：因為沒帶小提袋，行李增加或到近處散步時，就可以使用這個袋子
小物：用小袋子裝充電器、牙線、化妝品和保養品、茶包
替換衣物：只過一晚時，只會帶內衣褲和上衣替換

兩天一夜輕旅行

我的打包觀念是：「不方便，也是一種樂趣。」何況身上只要有現金和手機，總會有辦法的。

我們家沒有車，主要都是靠電車或公車移動。背著沉重的背包行動，真的很累，所以我們寧願多點不便，也要幫行李減重。

特別是兩天一夜的小旅行，我連小提包都不帶，只使用背包。去飯店放置行李也很浪費時間，直接背著背包，就可以觀光了。

依行程分開使用的行李箱

三天兩夜，一只背包就能出門。若是連續外宿三天，就會多帶一個小提包。四天以上的旅行，行李箱和小提包都會帶。

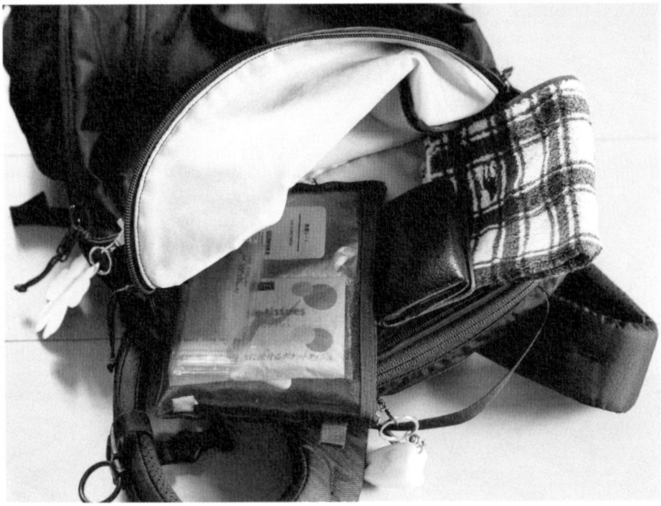

無須小提袋的背包收納術

錢包、手機、化妝包等，平時放在手提包中；隨時會拿出來用的東西，統一放進一個袋子裡。如果和替換衣物混在一起，想找出來就很吃力了。

這個一定要帶！旅行必需品

洋甘菊茶

我習慣在睡前喝洋甘菊茶，因此旅行也會放在背包中帶著走。在家的時候，我也會買乾燥的洋甘菊，用茶壺泡來喝。

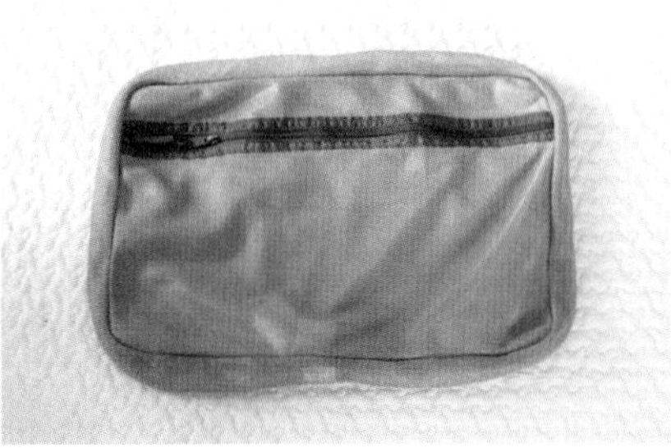

可機洗的衣物收納袋

去程裝替換衣物，回程裝穿過的髒衣服或內衣。回到家後，可以直接丟進洗衣機，深得我心。

徹底享受旅行醍醐味

旅行是我們夫妻的共同嗜好，既然要玩，就得玩個徹底！為了這個目標，我們會從一年前就開始計畫。列出想去的地方，再根據這張表，一起討論：「何時去玩最適合？」、「兩人的休假能不能配合？」

日本近郊的地方，已經去過的地方有：輕井澤、長野的安曇野、千葉的鋸山、箱根、日光、西伊豆、山梨。遠一點的有：名古屋、大阪、京都、沖繩，甚至連夏威夷也去了。

雖然也喜歡去旅行書提到的觀光勝地朝聖，不過我覺得欣賞當地隨處可見的風景，也別有一番滋味。特別是「超級市場」，那是當地人才會去的地方，賣的都是我們沒見過的東西，真的很有趣！我在沖繩的超市，發現了東京找不到的手工島豆腐。沖繩拉麵不但種類豐富，而且都是大包裝，讓我深刻體會到不愧是沖繩人的靈魂食物。長野縣才有的 TSUAUYA 超市，販售許多原創商品，是挑選名產的最佳去處。每當去該地旅行，我必定會去逛超市。

以年為單位擬定旅行預算

我們會在年底訂出隔年的開銷預算，同時也會一併決定旅行資金。首先，算出一整年的生活費，再討論可行的旅行金額。確定預算後，接著寫出彼此想去的地方及時期。例如：「四月去福島」、「八月去北海道」。下一步是分配預算。我們每年會旅行 4~5 次，如果想去國外旅遊，每出國一次，另外兩次出遊就安排不花錢的公司招待等等。因為我們在年初便訂好了旅遊計畫，「馬上就能去玩囉，工作加油吧！」對於提高生活的動力很有幫助，在此推薦給大家。

配合自我步調改變兩人的生活方式

距離我首次在 Instagram 發文，已經過了四年。

一開始，我都是放風景照或美食照。某次因為老公一句：「何不試著發日常生活照？」我便開始了和大家分享我的每日生活。

慢慢地，那些正要步入同居生活、正要步入結婚生活、對簡單生活有興趣、對雙薪家庭所有共鳴的人們，就會開始追蹤我，而我也有了和大家交流的機會。

透過這些交流，我本身也得以重新審視自己的生活。

如果這本書能讓大家的生活品質有所提升，那就太好了。

在接下來的日子裡，肯定還會有許多變化發生。或許是搬家，或許是換工作，或許是家庭成員增加了。希望那時，我們也能互相體貼，繼續過著「保有我們兩人風格的簡單生活」。

最後，我由衷感謝在我出版第一本書時，給予大力協助的編輯礒田千紘先生、葛原令子小姐、相關的工作人員，所有在 Instagram 追蹤我的人，以及在最近的地方支持我的先生。

真的很感謝大家。

Shiori

生活系 006

兩人的簡單生活提案

從有形的環境和物品整頓、到無形的人生規劃，74 個開啟兩個人才能成就的愉快人生

每日、ふたり暮らし　ほんの少しの工夫で、物と心を軽やかに

作　　者：Shiori
譯　　者：王詩怡
總 編 輯：陳秀娟
封面設計：兒日
內頁設計：中原造像股份有限公司

印　　務：黃禮賢、李孟儒

社　　長：郭重興
發行人兼出版總監：曾大福
出　　版：銀河舍出版／遠足文化事業股份有限公司
地　　址：231 新北市新店區民權路 108-3 號 8 樓
粉 絲 團：https：//www.facebook.com/milkywaybookstw/
電　　話：（02）2218-1417　傳真：（02）2218-8057

發　　行：遠足文化事業股份有限公司
地　　址：231 新北市新店區民權路 108-2 號 9 樓
電　　話：（02）2218-1417　傳真：（02）2218-1142
電　　郵：service@bookrep.com.tw
郵撥帳號：19504465
客服電話：0800-221-029
網　　址：www.bookrep.com.tw
法律顧問：華洋法律事務所 蘇文生律師
印　　製　中原造像印刷股份有限公司　電話：02-2226-9120
　　　　　初版一刷 西元 2019 年 11 月
　　　　　初版二刷 西元 2019 年 11 月

Photographs by Hiroshi HAYASHI & Shiori
Illustrations by oyasmur
Book design by Izumi HADA
Original Japanese edition published by Daiwashuppan, Inc. Japan
Traditional Chinese edition published by arrangement with PHP Institute, Inc., Tokyo in care of Japan Uni Agency, Inc.Tokyo

國家圖書館出版品預行編目（CIP）資料

兩人的簡單生活提案：從有形的環境和物品整頓、到無形的人生規劃，74 個開啟兩個人才能成就的愉快人生／ Shiori 著；王詩怡譯 . -- 初版 . -- 新北市：銀河舍出版：遠足文化發行，2019.11
128 面；14.8×21 公分 . --（生活系；6）
譯自：每日、ふたり暮らし　ほんの少しの工夫で、物と心を軽やかに
ISBN 978-986-96624-8-2（平裝）

1. 家政　2. 簡化生活　3. 生活指導

421.4　　108015016